六角丛书

舌尖上的江南

谈正衡

王毅萍等 著

武汉大学出版社

图书在版编目(CIP)数据

舌尖上的江南/谈正衡,王毅萍等著.—武汉:武汉大学
出版社,2012.6
六角丛书
ISBN 978-7-307-09636-3

Ⅰ.舌…　Ⅱ.①谈…　②王…[等]　Ⅲ.饮食—文化
—华东地区　Ⅳ.TS971

中国版本图书馆 CIP 数据核字(2012)第 042792 号

责任编辑:夏敏玲　沈以智　　责任校对:刘　欣　　版式设计:韩闻锦

出版发行:**武汉大学出版社**　(430072　武昌　珞珈山)
　　　　(电子邮件:wdp4@whu.edu.cn 网址:www.wdp.com.cn)
印刷:湖北金海印务有限公司
开本:787×1092　1/32　印张:5.125　字数:74 千字
版次:2012 年 6 月第 1 版　　2012 年 6 月第 1 次印刷
ISBN 978-7-307-09636-3/TS·31　　定价:10.00 元

Contents 目录

蔬之新

目录
Contents

鱼之鲜

目录
Contents

荤之味

Contents
目录

小吃奇

蔬之新

识得"逆鱼"在仙潭

谈正衡

　　仙潭绝对是一个有故事的地方。仙潭最早还有个名字叫"陆市"。很早很早的年代，当地暴雨连月，洪水泛滥，沦为泽国。一个叫陈廷肃的人带领乡民东迁，筑庐于高地，岁久成聚。人们遂弃"陆市"而择新居，故而名之为"新市"。再后来，这地方又出了一个名道士陆修静。陆道士皓发银髯、道学高深，每天都会去一个古潭，潜到水底弹琴。镇人视他为仙人，顶礼膜拜，将其沐浴弹琴之潭取名仙潭。南朝文人叶申作赋记其事，"仙潭"的名字渐被叫开。仙潭同不远处的塘栖一样，京杭大运河穿境而过，明清时期，商业空前繁荣，俨然而成江南重镇。时至今日，仙潭仍是一派河道纵横、空灵娟秀的水乡风情。据说，在这里，最为乐道的，不是众多数不清的青石小巷，而是人人至爱的羊肉。

我去仙潭，完全是误打误撞。两年前那个梅雨天气，我本来是要去萧山，结果却给几个朋友截留在杭州，转而他们又开了两部车将我挟持到仙潭，说是要吃一道外人知之甚少的叫做"清炖逆鱼"的名菜。"逆鱼"是什么鱼？几个家伙故意掩盖事实真相，只说仙潭有"逆鱼"，体纤肉细，独特而味鲜。并搬弄来古人之句：味似鲥鱼而无骨刺，鲜若河豚而无毒汁。他们知道我是长江边人，就故意拿鲥鱼与河豚来挑逗我的味蕾。

　　后来我才知道，所谓"逆鱼"就是逆水游动的鱼。逆鱼是德清名产，它们从太湖起程，一路戗水而上，越是水流湍急，冲得越欢。德清邑人徐本璇曾作《逆鱼》诗：梅黄水涨逆鱼肥，美胜春鲈是也非？见说熏笼传食谱，恰当赋罢遂初归。江南人梅后，淫雨霏霏，苕溪水涨，逆鱼从太湖回溯产卵。逆鱼溯流而上，只走苕溪这条路线，这让逆鱼颇显神秘，而且除了梅雨发大水的那几天，平日里要想找到它们的身影，就如同找寻隐者一样困难。即使在梅雨时节，若是雨水不多，水流不够湍急，苕溪里的逆鱼也很少见。

　　大约是前来吃逆鱼的人实在太多，那天我们在新市大酒店包厢里等了好长时辰，直到把两三壶茶都喝完，话也说了无数遍。终于上菜了，先上一硕大砂锅，是清炖逆鱼。我拿起砂锅里大汤勺搅了一下，里面有许多手指长的小鱼上下浮沉翻腾。这就是逆鱼呀？乍一看，跟水塘里最常见的穿条鱼非常相像，只是稍胖一点，大小长短都差不多。如果说还有区别，那就是穿条鱼的嘴尖，而逆鱼的嘴是圆的。服务员上来了，给我们用小碗每人舀了一碗。先喝汤，再用筷子夹了一条鱼放入口，感觉肚子里的鱼子特别多，密匝匝的，甚是细嫩甘美。又因为炖得入味，鱼的细刺都酥软了，完全可以忽略不计而直接咽下去。

随即又端上来了一大盘油炸逆鱼，这回能看得更仔细了，连腹鳍基部至肛门那道腹棱都看得清楚。刚从油锅里炸出来的逆鱼，肉身干而不焦，鱼的香味，穿过酥皮散向空间，萦绕座间。刚炸过趁热吃，又酥又脆，鱼腹中金黄的一块鱼子几乎占去鱼身子的一半，那个香真的没法说！就像我们长江边吃刀鱼一样，桌子上放了一碟醋卤，可以根据各人的口味蘸了卤来吃。还可以蘸一些蒜蓉和酱油，背脊上丰厚的鱼肉，用手撕成条放进嘴里，鱼太鲜美，吃了一条又一条，欲罢不能。

其实，大凡鱼类，都喜欢逆水，而逆鱼逆水，跟回游产卵有关。但此鱼身子较小，没有足够的力气甩出卵粒，需借助水的冲刷力对腹部产生挤压，帮助鱼卵顺利排出体外。至于这鱼为什么好吃，我想主要是鱼的卵块好吃，还有，就是逆鱼经过长时间的逆水穿行，大量消耗了体内的脂肪，鱼肉收紧，吃起来自然有别于常鱼了。逆鱼宜清炖，宜油炸，而油炸似乎更胜清炖一筹。

俞曲园先生曾在他的《春在堂集》里说到逆鱼："多时贱至每角银毫十余斤，城内店家常积数担，以为待客佳肴。此鱼以清炖最宜，煎熟晒干后，久藏而不变味。"这本《春在堂集》，还提到杭菜名肴西湖醋鱼，说西湖醋鱼其实就是源自仙潭人的烧鱼方法而研制独创的。

朋友们说，可惜现在不是吃羊肉的季节，否则，定要让你好好领教一下仙潭羊肉的美味。据他们介绍，这地方的风气，历来就有"养羊多于养猪"，到了羊肉销售旺季，整个古镇都被浸泡在了浓郁的羊肉香味中，因此每个餐馆都有几样拿手的招牌羊肉菜。最有名气的要算是"张一品羊肉"，已有百年历史。我说，这就怪了，"逆鱼"是从太湖里跑过来的，难道这羊也是赶齐了从什么水美草肥的地方跑来的？写诗的大胡子老汪哈哈一笑，说你讲的一点不错，好酒好醋离不开一口好水，养羊也是如此。昔时东栅有滩地，草极肥美，且有潭深不可测，潭水清凉甘冽，所饲之羊称湖羊，肉肥而不腻，鲜嫩香酥。清末仙潭人张氏，利用古潭的水煮本地湖羊肉，创出"张一品羊肉"的牌子。那烧出的羊肉，外观色泽红亮，酥而不烂，汁浓味醇，味道之好实难形容，过往食客无不交口称赞。

虽然未赶上羊肉的节令，但朋友们说仙潭这里黄鳝牛逼得很，品质肥壮鲜嫩，非比寻常。时近端午，吃黄鳝很是应景，就特别点了一盆爆鳝丝……菜上桌后，只见鳝丝深褐，鸡丝、姜丝嫩黄，火腿丝艳红，油重蒜香，柔滑鲜嫩，吃得舌尖起舞，连呼过瘾。

酒足饭饱后，有滑溜溜的时新水果枇杷润舌。之后，便钻进时有时无的小雨里上街看风景。

老街游人稀少，显得十分从容，没有那种成群结队的团队游客，间或有三两手端相机的拍客，或是像我们这样几个酒足饭饱的家伙踩着湿滑的街道徜徉流连其间。街上的店堂都很安静，一家小吃铺的廊檐下，坐着两个女孩子，在吃油炸豆腐干——一种加了葱花、甜酱和辣酱的当地小吃。她们脚边的石阶和背后墙上生着暗绿的青苔，门侧有石块随意垒砌的花坛，种着指甲花、牵牛花和美人蕉，深红的月季花瓣坠着将滴未滴的雨珠。再往前走，一连排三口小缸里都种着栀子，白花飞扬，芳菲氤氲。这些草草花花，自开自落，将清宁的日子打发得流水一般平常。河岸的美人靠上，坐着几个剥蚕豆的老人，不紧不慢地说着话……

但喜红椒一味辛

王毅萍

初夏的田塍地头，红的、绿的辣椒挂在小小的绿棵棵上，夹着星点的小白花，热热闹闹的，像是在给季节放一挂挂无声的鞭炮。红红的干辣椒串挂在墙上，简直是一幅乡俗的装饰画，如果再放上一曲宋祖英的"辣妹子"，那火红、淳朴的农家日子就更够味了。

曾经，在近郊租房居住。一日房东家修厨房，请来一群工匠，中午的时候，工匠们在院子里支起了"缸缸灶"，先炒菜，满满一脸盆辣椒炒臭干子，再焖饭，一锅雪白的米饭。只一菜一饭，师傅们吃的那个香啊。回家模仿，蒜块炝锅，热油倒入辣椒、臭干丝，翻炒几下，撒盐出锅，味道虽也不错，却吃不出师傅们的那个欢快劲来，倒不如自家炒的"辣椒瘪子"受欢迎。"辣椒瘪子"，顾名思义就是用热油把辣椒爆软炒瘪，但依然青脆。只宜选那种新鲜薄皮青椒，烹少许酱油糖醋，也可加点蒜蓉酱，甜酸辣咸，很下饭，是江南本色的辣椒吃法。在辣椒里塞肉，或者加上一点肉片炒，味道也好，和素炒辣椒相比，是朴素村姑和小家碧玉之别。

记得小时候，红辣椒大量上市的季节，家中总要买回一大篮，不下水洗，只用干净湿布抹干净，用剪刀剪成小片，加拍碎的蒜瓣暴腌，两日后就能吃了，脆辣咸鲜，生吃、配菜皆宜。也有拿桶去磨水辣椒的，过去有人用电磨专为人加工，收取加工费。水辣椒磨好后，装到罐头瓶里，用麻油封口，能吃到春节。现在不知道为什么很少见人操持了，估计有现成的可买。

阿香婆辣酱、天津蒜蓉辣酱、胡玉美蚕豆酱都是江南人家厨房里的常用作料，其实红椒辣酱味道本真，也值得一试。一是做剁椒鱼头，鲜活的胖头鱼头，拾掇干净，用盐、酒、葱、姜、蒜、味精腌二十分钟，放入瓷盆，加少许猪油，再倒入一整瓶辣酱，入锅蒸十分钟，喧腾出锅，其味比正宗湖南菜馆不差。二是做千里飘香，只需在臭咸菜里倒入半瓶辣酱，加香油蒸，此菜若是上桌，其他百味都退避三舍，太鲜。

古今都没有写辣椒而传世的名作，连苏东坡都没写过——宋代没有辣椒。辣椒就成了一个很尴尬的角色，没有光环，没有文化，甚至连草根都算不上，是个没有根基的移民。辣椒明代传入中国时，被当成观赏的花儿。直到清朝，不知道哪个胆大的草民，第一个把它当成下饭的小菜，于是才有文廷式的这句："堆盘买得迎年菜，但喜红椒一味辛。"这辛辣的红椒，一下子就把平素清淡的日子提出味来，对庸常人生，有励志的作用。

春日滋味

王毅萍

今春有口福，已经吃过几次野菜了，以马兰头为多。现在人，吃野菜，写野菜，似乎都带了城里人几分矫情的味道。但是，野菜的确好吃，除了用"清香四溢"、"唇齿留香"这些用滥了的词来形容，我想不出更好更适当的。我觉得野菜有个共同的特点，那就是清香，有嚼劲。吃野菜的时候，我觉得我是只快乐的兔子。

有人说，吃春，吃的是苏醒的味觉，冬季最宜腌味、腊味、渍味；到了大地回春就要换上鲜味、清味、原味。想想，还真是这个理。

马兰头切碎凉拌，加香干也好，加豆腐皮也好，都是至味。只是拌好的马兰头虽然味道不错，但颜色发黑，找来写美食的书对照，原来要用凉水过一遍，依法操作，果然青绿了些。马兰头也可以下油锅炒，香香的，颇有吃头，但多少沾了点俗世的烟火，将来自原野的本真味道折了一半。

荠菜加肉馅最宜包饺子，入口清香、滋味鲜美。在我看来，所有馅料的饺子里，荠菜第一。只是，这荠菜的个头，比马兰头还小，挑拣起来麻烦无比，想想都发怵，只有买现成的吃。小菜场有对夫妻专包水饺出卖，新鲜，味美，价廉。阳春三月，他们会在门上贴个红纸黑字的小告示：荠菜上市。让人无端想像：春天就在荠菜的卷裹下，重回人间。

苜蓿也吃过几回，味道是另一种清甜；茎细，仿佛是野菜家族的小家碧玉，弱不禁风，难侍候，炒起来要多油，也可以放糖。那日看见路边一农妇守着一篮苜蓿，随口一问，她说只要两块钱，这要花多少工夫才能掐出来？买回来吃不完，放到第二天就老了。有同事说，那苜蓿头是用镰刀一把把割的，原来如此。

香椿头是游侠，栖息在树上头，切碎了炒鸡蛋，有一种奇异的香味，有人爱极，有人不喜。父亲早些年，总要在香椿头上市的时候买上好多把，用开水烫了晒干，切碎加肉馅做徽州粿子吃。晒干的香椿头味道内敛，要在细嚼慢咽之下才慢慢释放出香味来。

闲逛菜市，偶有新发现。那天，看到了一丛丛新鲜豌豆苗，青扑扑的，直接下在火锅里，吃起来有丝丝青涩，刚好解了暴戾的辣气与火气。

蕨菜，貌不惊人，总感觉拿这毛茸茸的小棍棍没办法，不知道怎么去掉它的苦涩，所以只在饭店里吃过，清爽可口，有春风和溪水的味道。

世人都说汪曾祺老先生写文洒脱，可他有时候也有点絮叨，像邻家厨艺不错又有点显摆的大爷。光是凉拌荠菜和凉拌杨花萝卜我就看他写过两回。我一直纳闷，他拌荠菜，为什么要把开水烫过的荠菜，挤干水分攒成宝塔形，据他说，要从塔尖淋下麻油，然后，把"塔"推倒拌上盐、味精等作料，估计可以更入味。我一直没尝试过这样的做法，嫌麻烦。

吃野菜，是得有足够的耐心，还要有洒脱的闲心。买回野菜，挑拣，是个费工夫的活儿。一盆青翠，不是花几块钱就能搞定的，先一棵棵地摘除黄叶、去掉老茎，再一遍遍地淘洗干净。这过程可以有双向性的结果——若是浮躁，越挑越烦，何时能完？性急的人能从头顶冒出火来。但若是有了足够的思想准备，大可将此作为一次耐心的历练，像敲木鱼，或者掂佛珠，不急不缓的，总有拣完的时候。世间的事情许多也是如此，心态决定一切。平常人的平常日子，就像拥有半杯水，既是半空，也是半满，吃几回野菜，尝尝春日滋味，不也是享受半满的幸福人生吗？

茄子的华丽转身

王毅萍

一个村姑，不知怎的，嫁到了有钱人家，原本是荆衣布裙，乌鬓如云，结果新婚之后，换上了层层锦衣，插上了密密金钗，弄得本色全无，这说的就是贾府的茄子。

茄子最华丽的亮相要算在《红楼梦》里，话说刘姥姥二进贾府，大观园里大摆筵席。席间王熙凤喂了刘姥姥些茄鲞，刘姥姥不相信茄子会跑出这个味儿，就向凤姐求教，凤姐儿笑着对她说，"这也不难，你把才下来的茄子把皮劙了，只要净肉，切成碎钉子，用鸡油炸了，再用鸡脯子肉并香菌、新笋、蘑菇、五香腐干、各色干果子，俱切成钉子，用鸡汤煨干，将香油一收，外加糟油一拌，盛在瓷罐子里封严，要吃时拿出来，用炒的鸡瓜一拌就是。"刘姥姥听了，摇头吐舌说道："我的佛祖！倒得十来只鸡来配他，怪道这个味儿!"

　　每看到这段,我就疑惑曹雪芹故意用"茄
鲞"这道菜配料的繁杂来表现贾府生活的奢靡,
暗喻那些公子小姐们不知大难将至。传闻有红学
爱好者吩咐名厨依红楼中所言的程序做出了这
道菜,费了许多事,结果口感一般,白白浪费
了那些鸡。这也算是对我看法的一个不太有力
的佐证——茄鲞这道菜压根就是曹公杜撰的。

　　现在说茄子是百姓人家的家常菜不会有人
反对,什么油爆茄子、茄子肉末……都是普通
家庭最常吃的。下班回到家,饭笼上常蒸着一
碗茄子——嫩白茄子整条放碗里,碗里加点猪
油,吃的时候趁热撒点蒜末、细盐、味精,用筷
子搅拌捣烂就可以了。茄子的清香在有限的作料
衬托下,在唇齿间慢慢化开,这个时候不需要
酒,不需要肉,白米饭是她的绝配。还记得在农
村同学家吃过一次茄子,田里现摘的蔬菜滴着露
水,将碧绿的辣椒和白色的茄子切成丝,蒜切成
片,农家大灶上点着旺火,用过年炸丸子的油滑
锅,茄子辣椒丝倒进去爆炒几下就好了,那微辣
的茄香至今不忘。

　　江南的茄子多是白色,白茄是时令菜,只有

夏日农家的菜篮里才有得卖。紫茄却是一年四季都有的大棚菜。无论是咏茄诗还是茄子的雅号，说的似乎都是紫茄。"夏雨早丛底，垂垂紫实圆。"茄子这个朴实无华的村姑，也是进口产品，据说原产于东南亚，不知是哪国使者向隋炀帝推荐云："味美如酥酪，香润似脂膏，食色像玛瑙。"隋炀帝尝后龙颜大悦，遂赐名："昆仑紫瓜。"如今，你要是到菜市上买两斤"昆仑紫瓜"，估计是最熟谙业务的菜贩子都要目瞪口呆了。我在想，如果"昆仑紫瓜"被某个大酒店用作菜肴名就好了，尽管"昆仑紫瓜"这个茄子的雅号不伦不类，但好歹也算得上历史传承，不能在我们这一代湮没了。

阳春有野食

唐玉霞

　　过了年，天气稍微有点和颜悦色，饭桌上的那碗青菜就有薹了。先还是细瘦伶仃，很快就粗了腰肢，撕去外皮简直就是个白胖子。

　　春天，是荠菜妖娆的季节。春雪融尽后我带女儿去挖荠菜，用一把很钝的铲子。坐车过长江大桥，我知道荠菜是个行者，到处挂单，但是关于它的记忆都在江北，甚至更远。舅舅家在江北，过小年去看见灶间一大竹篮荠菜，我们带回家包荠菜饺子摊荠菜蛋饼，很香。今天的荠菜在乡间不太受欢迎，除非有人挑了拎到城里卖。舅舅老了，整不动外面的钱，就在家里田头里忙乎，整担的荠菜，他说是给猪吃的。

　　但是我和女儿没有挑到几棵。对于野菜我们习惯说挑而不是挖，挑比挖多了点轻盈的身姿和心情。田里劳作的大妈看着我们母女笑，说荠菜薹都老了，挑回家也吃不动。女儿拿小铲子到处铲土，有很多不知名的野草长得很茂盛。大妈歇下来告诉我哪些可以吃。七七八八的，我们也挖了小半篮子回来。野菜最不济就清炒，多放油，有高汤更好。风餐露宿的，野菜是个苦出身，非恶补不行。

三月笋肥。据说笋是春天的菜王。山脚路边瞅瞅，可以摘到幼细的春笋。小笋条放进汤里炖，嫩鲜非常。我们家是很少用笋烧菜的，假如我们不是趁着春天玩玩闹闹采点来，母亲一年到头笋不进门。没有办法，这是她的习惯。弟弟一家比我们有生活情趣，我们去混饭吃，常常吃到时令菜。冬笋怎么吃，春笋怎么吃，弟弟和弟媳妇都是一套一套的。我点头，不过左耳朵进右耳朵出而已。倒是把那碗笋丁咸菜吃了个不亦乐乎。

笋子溜溜达达地走了，然后是香椿头施施然来了。乡里香椿树很多，当然臭椿树更多。我也分不太清，必定先问一问。养香椿的人家不给你打的，找了一个村子，带女儿忙活了半天也只弄到了一小把。树主人看着笑，后来帮我们又打了些下来，都是付钱的。好歹凑合着能够吃得了。

香椿头拌臭干子是道好菜。但是现在臭干子来历不明，吃起来都有些惴惴然。

我们家最应景的春膳算是蒌蒿吧。炒咸肉丝或者香干子。但是现在蒌蒿一年到头都有，大棚把季节模糊了，这景应得虚。

青团子比元宵个大，鲜绿鲜绿，用麦汁和面蒸制而成，清明前后上市，和春卷一样很有古风，其实是南京苏州一带的，近两年吹到了芜湖。我刚才从元祖蛋糕店过，看到了艾草青团的广告，春天也有艾草？实在是喜欢"艾"这个很江南的字，我是很容易被这些小情小调诱惑的，忍不住买了点，有点青香，是青而不是清。融汇的四楼也有过卖，一块钱一个，只是绿得太虚情假意，它们触目惊心地绿了餐桌，人人都满腹狐疑，酝酿不出问津的勇气。

好在江南春短，吃吃蒌蒿、香椿头什么的，菜薹就老了，带了黄色的菜花，进嘴有股子苦味，酷爱青菜的母亲终于也放弃它了，春天也就过去了。

苋　菜

唐玉霞

　　昨日端午，早上去菜市，看到了苋菜，红红绿绿的在一只大筐子里，卖菜的小贩非常机灵，见我目光逗留了一下，立刻招徕生意。她告诉我，一把抓过去，如果是软的，证明苋菜非常嫩。都知道老了的苋菜不好吃。我称了一斤，我是很怀疑这些苋菜的年纪的。可是它们水淋淋地躺在筐子里，洗了个冷水澡一样。伪装的水灵里满是渴望。一日不卖出去，一日就少不了这样兜头盖脸的冷水澡。反正我是个不善于家事的人，反正需要一盘苋菜给端午应景，反正，也许，仅仅因为只是一碗苋菜而已。若是可以，该给人一个台阶下的。

　　苋菜，是端午午餐必定要吃的菜之一。小的时候，将苋菜汁倒进碗里，染红了米饭，非常艳丽的红。然后将米饭全部吃了，当然要全部吃掉。在碗里剩饭，长辈是要严厉责备的。可是不能将苋菜汁弄到衣服上去，很难洗，长辈也是要责备的。

故乡是一个小小的镇子，青石的巷子，菖蒲和艾被斫下，无精打采地斜靠在院角，破脸盆里是它们的根，端午了，入梅了，雨水丰沛，不几日菖蒲的根就长出新的一截，嫩绿的一截。有一年我到诸暨，在那个新建的什么中国历朝美女馆附近的一个水塘边，看到了菖蒲。和我记忆里端午的菖蒲不一样。回来说起，谈老师告诉我那是水菖蒲，还有唐菖蒲。菖蒲种类很多，有的可以入药，有的具备观赏性，听得我像个白痴一样。生出无限憾意。不懂的东西那么多，需要懂的东西那么多，可是，人生已经过去了那么多，来不及了。

下午，天是阴的，且闷热，说要落雨的，也没有落。端午落雨，是涨龙船水呢。站在厨房里摘菜，苋菜果然芳华迟暮，摘摘剩了一小把。炒苋菜我是会的，滚油入锅，落几粒蒜瓣就可以了。因为老了点，也因为少，那把苋菜基本上我一个人吃了。没有什么特别的味道。苋菜也是一种温和的蔬菜。还特意染了半碗饭，这些苋菜，

023

它带着我童年岁月的温暖情意迢迢尾随了这许多个节日。有一年到六安，吃过一道炒苋菜，是很老的苋菜，吃进去简直拉喉咙。那也没有什么好奇怪的，当地人还用油条烧茄子，红烧，简直叫我们瞠目结舌。可是主人非常热忱，一再让菜，我们也只好随喜随喜。吃了也就吃了。

老的苋菜梗子，据说是做臭菜的绝佳原料。人家将老苋菜随手扔到腌菜缸里，十天半月的，捞起梗子，吸吮出果冻一样的，据说是佐粥的佳品。这话汪曾祺老先生说过，郑板桥也说过。他们都是江苏一带的人，食俗差不多吧。我不知道芜湖人是不是这么吃老苋菜的，我只知道我们家臭菜跟苋菜八竿子打不着，都是腌的咸菜臭了做的。

"捧着一碗乌油油紫红夹墨绿丝的苋菜，里面一颗颗肥白的蒜瓣染成浅粉红。在天光下过街，像捧着一盆常见的不知名的西洋盆栽，小粉红花，斑斑点点暗红苔绿相同的锯齿边大尖叶子，朱翠离披，不过这花不香，没有热乎乎的苋菜香。"这段话是张爱玲的。李碧华说张是口古井，淘不尽。既然是井，少不了有人淘，也免不了有人刮点井壁的青苔，我这样连青苔也刮不到的，只好到井沿上照照，看能不能照出个影子。

如同，那碗朱翠离披热乎乎香喷喷的炒苋菜，无福消受，好歹弄点汤汤水水的染红几粒饭吧。

春来又吃菊花闹

李幼谦

菊花闹是野菜，在芜湖遍地都是。它是春天生长出来的，一长就是一大蓬，枝长叶茂，团结向上，精致而颇有韵致的叶子，与菊花叶子没有两样，可能本来也是它们大家族的一员，大概，是它们人丁兴旺却并不发达的后代。从我家花园就能看出它的发展史。

当初，见一小巷子的路边长着一大簇这玩意儿，一个农妇摘下一两寸的尖叶，小心翼翼兜起衣襟装着。问她干什么，她说这是菊花闹，打汤吃，炒着吃，带有薄荷的味道，好吃得很。

前年春上，从外面移植来六棵，种在自家的后院里，一个多月就长成大棵了，欣欣然摘下嫩尖下面条，清新爽口，但吃不出薄荷的清凉，想是太少了，以后是不是会多发一点？

到了夏天，那数得出的几棵，已经是蓬蓬勃

勃的几堆了。因为它有顽强的生命力，摘去一棵的顶叶，长出更多的枝叶，它是越摘头越多的，不摘它，就直立地长上去，反而越来越老。

当年秋天，忽然发现好多金黄小花开在菊花闹的枝头，小菊花竞相开放，每枝头上都绽放小小的"太阳轮"，一片明黄，让人想起春天油菜花的灿烂。再看那花，也不过指头大小，泡水喝跟杭菊差不多，是不是大菊花的变种？还可以治疗高血压哩。

问起它名字的写法，有人说叫"菊花老"，因为它老来开花。有人说叫"菊花涝"，说它越摘越多，以后能像水涝一样泛滥成灾的。

我叫它"菊花闹"，看它黄灿灿的一片，多热闹啊。去年长多了，三五天就能吃一次，下面，打汤，炒着吃，青油油的，带着一股清香，据说吃了清心明目，消火败毒。可能，它还是叫"菊花脑"合适，咱们不都是摘它嫩嫩的尖头吃么。

菊花闹很奇怪，如齐心协力的兄弟姐妹，开花时一起开，蓬蓬勃勃地在后院热闹了一个多月，如一地金色的星星，花谢时一起谢，在寒冬到来之时，突然间一起萎靡了花枝。醉卧西风不久，枝叶也匍匐在地上，风欺雪埋，似乎消失得无影无踪。不必担心它的命运，春天刚刚露头，它们又是齐刷刷地复苏，黄灿灿地开花，又是一年轰轰烈烈的生命历程。

日前看到一篇散文，说有人在北京吃到安徽人包的菊花闹饺子，好吃得很。是北京地区也有它，还是从江南运去的呢？

杨花萝卜小亲亲

李幼谦

好美的名字——听到它们，就想起"杨花落尽子规啼"的妩媚春光。珍珠萝卜、樱桃萝卜、圣女果萝卜、袖珍萝卜……都是它的芳名，哪个不娇艳？

好俏丽的模样——圆溜溜的、小巧巧的、红艳艳的，玲珑剔透，如小灯笼，如微型太阳，像是从西洋舶来的异类；

好美的味道——有那种淡淡的甜，甜而不腻，充满水分，微微有开胃的辣，清脆嫩滑，咬起来咯嘣脆，爽得令人舒贴；

好艳的颜色——红润光鲜，姿容美艳，洋红中带着粉，大红色有点淡，如胭脂，似朝霞，只有水彩方画得出来。

俗话说："萝卜上了街，药铺不用开。""冬吃萝卜夏吃姜，不劳医生开药方。"那是说，萝卜的药用价值大，夸张到抵一个中药铺及所有的医生。这牛皮也忒大了一点，不要药物，不用医生，买萝卜就可以包治百病？笑话。

还有一种说法是："萝卜上不了席"，这又在贬低萝卜，说它太低俗，没档次，上不了台盘。果然，在宴席中，只有萝卜的雕刻，或龙或凤，都是摆设，没有萝卜做的大菜小菜。我为萝卜鸣不平，比如说这杨花萝卜，绝对下得厨房，上得厅堂，即使在国宴上，也赏心悦目，美味可口，简直是江南尤物。

菜市场上，只要有杨花萝卜，活色生香的小样儿立即脱颖而出，使人产生眼睛一亮的感觉，尤其是连着萝卜缨子的那种，不能一见钟情，说明你情商太低。

红殷殷的小脸蛋圆溜溜的，碧森森的绿叶如美丽的衣裙，红配绿，看不足。它们斜斜地依靠在摊位上，如等待认领的迷路女孩。如果你还在犹豫，头顶上，杨花柳絮纷纷洒下碎雪，那是在催促你呢，赶紧提一把回家吧！削去叶茎与根须，一颗颗大红珠子从水中捞起，然后我们就能与它们一起开心！

千万别学汪曾祺，这老先生是个美食家，别

的菜做得不错，唯独糟蹋了杨花萝卜——居然用来炖干贝！已经焚琴煮鹤了，还用来招待台湾陈怡真女士，写进文章哩，说对方连呼好吃！汪老是我很尊敬的作家，对他倡导的美食一贯盲目跟风，对此却连呼上当：凉菜与海鲜的食材混炖，海鲜没有增加滋味，小萝卜花容失色，变得白湛湛的。清脆水嫩的风情也变质了，烂乎乎、软绵绵，吃起来很不爽。乔老爷乱点鸳鸯谱的做法，有损汪老美食家的声誉。

一物有一物的特性，一菜有一菜的吃法。杨花萝卜生来的品行，就是让人们凉拌着吃的。不要切，而要拍，不用刀刃，不用刀背，而用菜刀最大的平面，让萝卜在刀片与砧板的撞击间裂开。这可是个技术活：拍重了，萝卜飞花溅玉——全碎了，指头那样的丁丁，筷子都难夹起；拍轻了，它如调皮的小丫头，骨碌一下就溜走了。只有不轻不重不急不缓地拍一下，它们才乖乖地开心起来——扁了身子，橘饼一样绽裂开成花瓣，每瓣上下依然红颜，两侧雪白雪白，如女孩如银的贝齿，用轻红雪白来形容是很合适的。

等一盘杨花萝卜变形，撒点盐，颠簸几下，

让它入味。那边将糖、醋、盐、麻油调成汁水，浇上去，就能上桌。尽管有五味调和的作料，依然不能掩映满盘的腮红齿白。轻轻撼起一枚，你会当做艺术品，比金橘饼还艳丽，秀色可餐，嚼在嘴里，嘎吱嘎吱，那声音，是夜雪断竹，还是春冰开裂？不必细想了，清爽、清脆、清口、清甜的口感，比它们的大哥"心里美"萝卜更好，因为多了几分水灵与脆甜。

更精致的吃法，是在刀工上讲究，案板上，两根筷子夹着小萝卜，快刀速切成薄薄的片，因为切不到头，底部不断开，下面连接在一起的，小萝卜片如散开的书页，调料容易入味，但吃起来没那么爽脆，也少了萝卜的清甜。

杨花萝卜最绝的吃法，是在一个朋友家里体验到的，她为伺候丈夫不遗余力，萝卜上市的时候，她要一个个挑选，都如小核桃一样大小才提回家，也不拍也不切，而是用小刻刀一个个雕琢。刻刀在小萝卜的赤道线上一撇一捺深入中心，一圈的锯齿纹路刻完，萝卜断裂开来，成为两朵底红面白的莲花。她再用浅浅的玻璃盘子装上调料，莲花朝上浮游在棕色的汤汁里，撒上几片芫荽，桌子就多了一盘睡莲，令人不忍下箸。

我惊叹了："这么精细的素食，只有你们江南人才做得出来，手真巧啊！"她对丈夫颔首："他喜欢吃这一口。"丈夫为证明似的，示范地撩起一朵睡莲，在汤池里滚了一下，放进嘴里，嘎嘣脆响后，也笑道："我们认识的时候，她就像这小水萝卜……"在我的讪笑中，两人都不好意思起来。

那餐我吃了不少，惬意的轻歙中，有淡淡的鲜美作料味，更有萝卜充满水分的甘甜沁人心脾。难怪清朝"词坛怪杰"陆震在《初夏九咏》中这样写它："生虽贱，人号女儿红。桃靥初酣春昼睡，杏腮刚晕酒时容。还恐不如侬。"被如此艳丽的辞章形容，杨花萝卜更开心了。后来，丈夫在厨房里洗碗，流水冲击的哗哗声，也掩盖不了他随口哼出的山西民歌曲调："想亲亲想得我手腕腕软……"中间响起碗碰撞在水池沿的破碎声，妻子嗔怪地红了脸，冲着后面喊："还真手软了？"

这样的行为艺术加上这样的效果，使我与陆词人的观点相反了。"杏腮刚晕酒时容"，人到中年，微醺的脸色也有小女儿情态，比杨花萝卜动人多了。且不说萝卜的滋补效果，那是医学研究的范畴，既然有"初春小人参"之称的美名，自然可见功效。日常生活，平平淡淡才是真，只需在大鱼大肉的旁边放上一碟杨花萝卜，立刻给人惊艳的感觉，使所有珍馐都如俗物，如水深火热时来了清凉滋润的冰激凌，浮躁的心态也立即平静下来。

如果不吃反季节的菜，杨花萝卜也就水嫩那几天，当"杨花落尽子规啼"后，小萝卜也像杨花一样无影无踪。但是，青梅竹马基础上产生的感情，爱情的保鲜期却长得多，大约，"女儿红"的甜蜜早已深入骨髓里了。

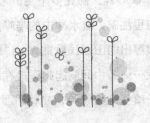

水火相容说辣椒

李幼谦

童年的谜语有意思："红口袋，绿口袋，有人怕，有人爱。"说的就是辣椒。我是属于那种喜爱的人。自小在巴山蜀水的辣味里泡大，几乎到了无辣不餐的地步。辣可是个好东西，七荤八素的营养不说，单是减肥这个似是而非的功效，就使追酷求靓的男女都摒弃了淑女守则，争先恐后地与辣椒亲密接触了。

定居江南，这里人们虽然一年四季都吃辣，可吃的灯笼椒，肉厚芯肥，做菜时还要掏空内脏，只剩一个皮囊，切成青的红的丝状散乱，多是色彩调剂，色香双佳，看上去很美，却委屈了辣椒的本性，淡淡的青气加上淡淡的辣味，吃辣不过是叶公好龙。

发现他们来真格的，已经自己当家过日子了。秋天将尽，大街小巷的红辣椒泛滥后，便如火如荼地燃烧在各家各户，洗净去蒂，皮鲜肉艳地刺激着味觉与视觉，使我这辣不怕的蜀人也目瞪口呆：这么多辣椒怎么吃？同事邻居反而问我为什么不磨水辣椒？第一次听说这词真纳闷，我可是吃油辣椒、泡辣椒、煎辣椒长大的，没菜下饭时，两个青辣椒剁得粉身碎骨，加点盐一拌也津津有味，到江南前，还真没吃过水辣椒。

后来，见他们大盆装小桶提，到电磨处加工，带回一盆盆一桶桶红艳艳的糊糊，如桃花飘零碾做尘，美丽得迷人。心想，这辣椒加水还有味道吗？邻居送我一小瓶，一勺浇到饭上，尝了一口，淡淡的辣、微微的甜、浓浓的香，顿时让我像饿了一天一夜似的，狼吞虎咽地扒完了一碗饭。余鲜满口时，差点悔过自新——要当淑女，过去怎么吃那样生猛的舂干椒?!

"姜辣口，蒜辣心，辣椒辣得人不做声。"尤其在夏天，太阳有多辣，海椒有多辣，吃了海椒，不说话没事，有损形象才是大事：脸红得像天安门城墙，使人怀疑你做了亏心事；脾气像昏庸无道的皇帝，得罪人了还懵懂如幼儿；害人更害己，人体的进口与出口处都火辣辣的；伤身还伤心，五脏六腑像被火苗一燃一燃烧着痛，能不上火？辣椒就是火。

水辣椒不同，水的柔情融化了火的暴烈，它们水火相容，相敬如宾，如此和谐美丽。由于是辣椒本身汁水，保持了它的本色与鲜香，再加制作时的大蒜瓣和芝麻抑或熟花生米，一起磨成糊状，用瓶装好，麻油封瓶口，随时食用。大约，因为是连汤带水地储存，所以叫水辣椒，简直如缠绵悱恻的爱情片：奶油男儿添加了几分火气而有了刚性；野蛮女友的傲气被水淡化，现出妩媚本性，任是无情也动人。

据说，最鲜美的水辣椒是这样制造的：将活螃蟹洗净丢入辣椒糊中，残酷地使它们在水深火热中腌制一个月再扔了尸体，留下的水辣椒颜色暧昧而气味可疑，可是带有了海鲜味，用它浇拌什么菜都好吃。这样的水辣椒，如曹雪芹增删三次、脂砚斋洒泪点评的《红楼梦》，稀里糊涂搅成一团，却是人生百味、酸甜苦辣都有。

既要好吃，就讲不得慈悲，反而领悟到江南美食中兼收并蓄的高妙——水火相容才是最完美的和谐。于是，在东江已经压抑了多年的嗜辣天性，被江南水辣椒温柔了火暴，虽感觉辣味不过瘾，但一见水辣椒，便难挡心底的骚动，如火柴难挡燃烧的诱惑。吃面条是少不了的，浇上一勺便有了滋味；青菜豆腐家常菜，淡而无味不下饭，只要放上一点水辣椒，碧绿的一碗大头青上添那么一小撮艳丽，如万绿丛中一点红，夹起一片片绿叶蘸着红色调料吃，其色也美，其味也鲜，一日三餐九碗饭，开胃健脾保平安，真是安逸得很。

传奇毛豆腐

李幼谦

　　徽州最出名的菜肴还数不上臭鳜鱼，而是价廉物美普及面极其广的毛豆腐。什么是毛豆腐？顾名思义，就是表面长出一层毛的豆腐，无论长的是灰毛、白毛，还是黑毛，他们都说好吃。当地还有一句"民谚"——"骗孬子不吃煎豆腐"，那意思就是说长毛的豆腐好吃，但舍不得给傻子吃，于是骗他："这油煎的毛豆腐臭烘烘的，不好吃。"傻子不吃了，骗人的人就可劲地吃，"吃着毛豆腐，巴掌打到嘴上都舍不得吐"。由此可见，徽州人的聪明不在于发明了毛豆腐，还在于吃毛豆腐的锲而不舍。

　　毛豆腐怎么来的？传说中，无一例外都扯上朱皇帝。说朱元璋当叫花子时候行乞到徽州，讨得一碗长满白毛的豆腐，点了一堆火将霉了的豆腐烤了吃，没想到烤出来的豆腐不仅有扑鼻香气，吃在口中也比平常豆腐更好。以后坐了天下，一番宣扬演绎，就将徽州这道菜名扬开来了。其实，毛豆腐还是徽商创造的可能性更大吧。有儿歌唱道："前世不修，生在徽州，十二三岁，往外一丢。"徽州人勤奋，小小年纪就要走出大山去学习经商，路上吃什么？都吃咸菜吃不消，要吃咸肉吃不起，带些豆腐吧，也算半个荤菜。

"这里的山路十八弯，这里的水路九连环。"走了几天还没到目的地，豆腐已经长毛，舍不得甩，到歇脚的地方请人煎一下就饭，没想到更好吃，由此传扬开来，以至于元至正年间，朱元璋率十万大军到徽州歙县，也命军中炊厨制作毛豆腐犒赏三军。而今更成为徽州名菜。到黄山旅游的人们，在屯溪、歙县、休宁一带随便找一家路边店，就能吃上非常地道的毛豆腐。端出一盘，黄不黄、灰不灰的，颜色并不艳丽，闻起来有股异味，却不想味道简直不可思议，如果不明真相的人错过品尝机会真可惜，正如有人宣扬的那样：竹板响，喉咙痒，毛豆腐，喷喷香，夹一块，真舒畅！

说起来，它的制作也不复杂，只是将上好的

老豆腐或者白豆腐干切成条块，稍微撒点盐，放在湿温适当的木笼竹条上，用厚布盖好，过几天看看，豆腐表面长出茸毛来就成了。由于豆腐本身质量高下，气候的变化与温度的调节不等，毛豆腐大致可分以下品种，短灰色的是鼠毛、短青白色是兔毛，整绺的白毛是棉花毛，如果偶然长出紫酱色的蓑衣毛是最美味的了，油煎的受热程度不同，还会产生"虎皮"毛豆腐哩。

大约，在豆腐长毛发臭的过程中，原有的蛋白质被分解成多种氨基酸，化腐臭为神奇，才有无比的鲜美与无穷的回味吧。吃毛豆腐大多是煎吃，那层长毛的表皮被油煎后油光光的，筋拽拽的，韧韧的一层皮咬开后，里面是酥软的豆腐，味美远胜过普通煎豆腐，吃在口里满颊生香。如果煎到两面发黄后，再加入调味品烧烩，香气溢出更远，那热乎乎、香喷喷、辣兮兮的滋味更绵长。毛豆腐除了煎吃，还可以油煎后加入笋干煮汤，再有香菇、火腿助阵，那种汤烧出来，淡淡的臭与浓浓的香在空中飘荡缠绕，勾人食欲，令人垂涎，喝一口，鲜得你连舌头几乎也吞掉了。

要吃出一份传统的情趣，还是到徽州地界吃担子上的，随着"嗒笃笃嗒"清脆的竹板敲击声，徽州毛豆腐担子来了：一头的多层抽屉里装着长毛的豆腐，上面有香油瓶、辣椒酱罐子和碟子筷筒；另一头是带柴连炉的平底锅，喊着"毛——豆腐哦"，招来了顾客，取下挂在扁担一头的小长条凳让客人坐，点燃火，让毛豆腐在锅里煎起两面黄，"嗞啦啦"的响声中，香气阵阵散开，食客围着担子，伸出筷子，伸向锅中，搛起豆腐，放进口中。"好烫人"、"好鲜香"的叫好声此起彼伏，这场面引人，这味道诱人，有徽州古民居作背景，那才入情入味哩。据说，1938年新四军在徽州休整，陈毅也喜欢在街头毛豆腐担前品尝毛豆腐，还操着川腔，指着煎锅说："多放些辣子哟！"

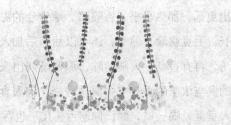

青绿一生

王毅萍

　　阴冷的冬日，一片灰色的萧瑟。这天气，最享受的晚餐就是来一个火锅了，若有三二知己，再要上一瓶女儿红，加上姜片、红糖，烧得滚热的，一杯下去，连肺腑都会暖热了。单位附近有家小酒店，老板姓张，黄豆板鸭锅烧得极入味，虽然不是红泥小火炉，粉红的液体酒精也能让小炉子火苗烁烁，意境是差了些，但温暖是一样的，现代人，要的不就是方便快捷吗？

　　火锅是用铝脸盆一样大的锅端上来的，炖酥的黄豆堆得冒尖，下面是胭脂红的鸭脯肉，再下面是白色的千张丝、金色的豆腐果。四个人，这一份菜都吃不了。吃到一半的时候，酒酣身暖，往往会叫老板再上点"烫菜"——直接入火锅的生蔬菜。最适宜的烫菜该是菠菜，绿油油的撷入锅里，浸了鸭油的菜叶立时软下去，菜叶的颜色还是碧绿，根却是鲜红的，滋味清香脆甜。对于饮食，无论是市井民间，还是宫廷官邸，一贯是不吝于夸张之能事的，所以这菠菜也被人们叫作"红嘴绿鹦哥"，取其颜色的意象，神似是谈不上的，从这点来看，厨子都可以做诗人，比赵丽华高明了许多。

说起诗，不由想起苏东坡，这位大诗人的豪放诗让人精神激荡，没想到他对饮食营养也颇多关注，关于蔬菜的诗就写了好几首，只是没有"大江东去浪淘尽"那么著名罢了。且看他咏菠菜的："北方苦寒今未已，雪底菠薐如铁甲。岂如吾蜀富冬蔬，霜叶露芽寒更茁。"据说菠菜原来叫作菠薐，还是外国血统，最早是产在波斯的。一千三百多年前，尼泊尔国王借花献佛，从波斯拿来作为礼物，派使臣献给唐皇。这以后，菠菜才在中国落户。这菠菜不但是外籍，还是皇亲国戚呢。传说乾隆下江南时，在农家吃了菠菜豆腐这道菜。乾隆食之颇觉鲜美，问其菜名，做菜的农妇说："金镶白玉版，红嘴绿鹦哥。"乾隆大悦，封农妇为皇姑，从此菠菜又得了"皇姑菜"之名。

"嘴上红飘一点，身上绿蔓千茎。"看这形

象，活脱脱一个漂洋过海的时尚洋妞，只是，到了咱中国，很快就被同化了。"车载篮盛"，成了一道家常菜。作为火锅的烫菜，是菠菜最原汁原味的吃法，除此之外，菠菜烫熟切碎加豆腐皮、鸡丝凉拌也是一道下酒的好菜。素炒菠菜，什么配菜都不要用，除必需的油盐外，急火猛炒，滴少许麻油，清香爽口，如穿绿裳碧裙的小家碧玉，清淡本色，立刻就把浓油重酱的菜肴比下去了，令人舍不得放箸。只是这小家碧玉也有个性，就像邻家爱耍点小脾气的小妹妹，弄毛了也会撅嘴巴、哭鼻子。这菠菜吧，生了涩，是那种能把嘴巴弄麻的那种涩，过火了呢又黄，烧过头的菠菜灵性全无，说一碟菠菜令人唏嘘那是文人的无病呻吟，但物没能尽其所用，仔细想来怎么不是一件憾事呢？如你，如我，如果身是菠菜或是青菜，端上生活的餐桌，能做到火候恰好，不负青绿一生吗？

鱼之鲜

春馔妙物是江刀

谈正衡

"扬子江头雪作涛，纤鳞泼泼形如刀。"这是清代诗人清端描绘长江刀鱼的佳句。时到清明，春江水暖，成群的刀鱼泼剌剌逆流而上……想像那个桃花流水的时节，江涛如雪，渔舟竞发，归来时船舱里一片闪闪的白，真有一种生之悦乐的感觉。

刀鱼体形狭长扁平似刀，外地人纵然没见过真身，当是看到过商店里卖的白铁皮装的凤尾鱼罐头，那上面印的凤尾鱼跟刀鱼像极。刀鱼称"鲚刀"、"毛刀"，凤尾鱼则被称为"凤刀"，它们是近亲。刀鱼银鳞细白，光彩闪烁，一般比筷子稍长，身形异常俊美。据报载，在南京的星级酒店，三条江刀凑足一市斤，清蒸入盘，价格一万元，成为今年真金白银的天价。

刀鱼生长在近海咸淡交汇的水流中，每年

三、四月里，受了烟雨江南的邀请，便溯流而上寻找产卵水域。人们习惯把长江刀鱼称为"江刀"，以与一直生长在湖泊里的"湖刀"相区别。刀鱼是春季最早的时鲜鱼，食用也是越早越好。皖江一带，自古就有"清明挂刀，端午品鲥"的说法，清明前的刀鱼，肉质特别鲜嫩，入口即化。李渔曾说过食别的鱼都有厌时，唯有刀鱼是"愈嚼愈甘，至果腹而不能释乎"。过去，刀鱼和鲥鱼、河豚被称作长江"三鲜"，而今，"三鲜"中那两"鲜"已踪影杳然，唯有刀鱼一"鲜"，尚可觅得，让人一饱口福。

由于众所周知的原因，长江里许多鱼都已离我们远去。这几年，刀鱼早已形成不了鱼汛，开捕的日期一年比一年短，产量也一年比一年少。但我因享有家住长江边的便利，每至刀鱼开捕的日子，傍晚散步时，总能在停靠江边的渔船上买到刀鱼。那些渔民有时就将渔船停在滨江公园旁，男人将卡在网上弯成僵硬的半圆的鱼一条条摘下来，女人通常拎了个盘秤站船头招揽生意。

相对星级酒店一盘刀鱼动辄上千上万的价码，我买一两斤刚出水的刀鱼，花不了一张百元钞。鱼虽是小一点，但用油炸出来，蘸了醋吃，不仅味美，而且刚好把鱼刺都炸酥了，吃起来特别顺溜。有时运气好买到大一点的，就做一回快递生意，弄些冰冻的雪碧瓶子包了，坐飞机赶到北京，送到儿子和儿媳那里，刀鱼还是蛮新鲜的，银鳞闪烁，仿佛刚从江里捕上来一样。

刀鱼的烧法不外清蒸、油炸两大类。清洗刀鱼不用开膛剖肚，拿根筷子由鱼鳃处伸下去一搅，卷出鱼肠，鱼的身形仍然完整。刀鱼清蒸的妙处在于，入盘并不去鳞，加葱结、姜丝、黄酒、盐和少许糖，隔水用大火蒸十分钟就得；也可在鱼上放点香菇、笋片同蒸。高温之下，细鳞化为滴滴油珠，整个鱼身都是色如溶脂，几近透明。清蒸之法不仅能完美表达刀鱼之鲜，且没有一般鱼类惯有的泥土腥味。白鳞银身浅卧淡酒清汤之中，暗香荤荤，惹味牵肠，使得刀鱼的美味上升到精神审美层面。还有酒糟蒸刀鱼，用从陈年酒糟中提取的浓郁香汁吊出刀鱼的鲜味，是江南经典的江鲜烹制手法……清蒸的刀鱼，因为鱼肉太嫩，落筷不容易撷起，只能用筷头一点点挑起入口。

我在餐桌上亲眼见过高人演示，那是一位老者，只见他两指捏起鱼头，以筷子夹住鱼的头颈处顺势往下一捋，再轻轻一抖，仿佛变魔术似的，手里便只剩下一条干干净净的脊骨，细嫩的鱼肉都落在了盘中。据说，早先渔家还有一种别出心裁的粥蒸法：将收拾干净的刀鱼排放在小木架上钉好，悬在类似木桶般的饭罾中蒸煮，煮粥时水蒸气上升，粥熟鱼也烂，鱼肉片片掉落粥锅里，撒点盐搅一搅，就成了饶有风味的刀鱼粥……而一个个完整的鱼身架居然都还在小木架上整齐地悬吊着。

刀鱼味美，不过那些绵密的细刺吃起来总是有点麻烦。袁枚最喜食清蒸刀鱼，他说："刀鱼用蜜酒酿、清酱放盘中，如鲥鱼法蒸之最佳。"当时金陵流行的做法，是将整条刀鱼煎得烂酥，则不必吐刺也能大快朵颐。袁枚显然对这种做法不欣赏，觉得这完全是因为"畏其多刺"。他甚至调侃这好比"驼背夹直，其人不活"，认为完全丧失了刀鱼的真味，是最没文化的吃法。刀鱼多刺，他给出的解决办法，是用快刀刮取鱼片，再以钳抽去其刺。他还建议，可以用火腿汤、鸡汤、笋汤和刀鱼一起煨，鲜美绝伦。袁枚的这个笨办法显然太过复杂，操作起来难度较大。

倒是往年下小馄饨的手艺人有一套自己的办

法，就是先揭鱼皮，那些细如发丝的毫芒大多连在皮上，可以将一大半的细刺带出。接下来，用一张猪肉皮垫底，再以刀背轻捶鱼身，于是那些骨、刺便嵌入肉皮，再用刀口轻轻一抹，留在刀口上的便是纯净无刺的刀鱼肉了。这样的鱼肉剁成馅，用来包小馄饨，其鲜美是可想而知了。寻常之人食刀鱼，只怕就没这等闲工夫侍弄了。刀鱼多刺确实是个问题，不过话说回来，若是无刺，那鲜美的鱼肉直落嗓子眼，几无细品的机会，而正是有了这些刺，才使鱼肉在舌头上多了回旋的余地，一抿一寻之间，也就备觉其味之鲜。

现在的饭店里，常以"湖刀"冒名顶替"江刀"，同为刀鱼，却有天壤之别。正宗的"江刀"小眼睛，鳃鲜红无比，胡须黄而尾偏黑。还有一个区别办法就是靠品尝，若入嘴嫩滑且鲜香扑鼻，则必是"江刀"无疑。"江刀"的肉质鲜嫩，是"湖刀"所无法比拟的。若是花了大价钱吃到的却是冒牌货，也不必太沮丧，因为正宗的刀鱼越来越难捕了。

千百年来，刀鱼一直热热闹闹地兴旺着，现在忽然就要离我们远行了……云树万重，烟水茫茫。我不知道，还有什么办法能让那些为数不多的刀鱼能够顽强地撑下去，而别像鲥鱼那般决绝哦。

辣批长江小杂鱼

谈正衡

　　住在长江边，嘴巴可以很享受，因为能在第一时间吃到新鲜的江鱼。在江边散步的时候，常直接到渔船上买鱼，不仅美味新鲜，还超便宜。我常买的是一些长江小杂鱼，小杂鱼烧得好，最容易吊出江鱼的至真滋味。

　　小杂鱼，顾名思义就是"小"和"杂"，也喊成小糙鱼、猫鱼，是一个数量众多的草根阶层，有鳑鲏子、小昂丁、小鳜鱼、小麻条和追着船行走的餐条子，甚至还混入几只虾子和钻来钻去的刀鳅……有一种指头般粗细的小鱼，渔民称为"肉滚子"，细嫩饱满，刺少且软，肉却硬朗，味道不一般。一盆烧好的小杂鱼，成员多，品种杂，各有各的味道，吃了一盆鱼即吃了不同的味道，这就是长江小杂鱼的特色。

　　很早的时候，长江里有种小鱼叫鳑鲏，比小

手指还短一点，形似鳊鲅，细鳞光洁，通体透明，活鱼即可透视肚中内脏。此鱼虽离水即死，却是鱼中上品，腴嫩之极，连头嚼咽，可不必吐刺，味道是没说的。春末夏初时，它们溯流而上，游进内河水草丰茂的浅水里，产完卵再回到长江生活。秋天的傍晚，如果你在风平浪静的江边看到水面上细浪粼粼，像在下毛毛雨，那就是鲚鲦鱼成群结阵到近岸浅水区觅食了。

那时，长江里的小杂鱼多如牛毛，人们戏称：捧一捧江水，手心就有一条小鱼。淘米洗菜时，常能用篮子兜到许多火柴棒那么长的小鱼秧子。春夏季节的水草丛里，谈情说爱的鱼打起水花啪啪响，将水面弄得波光闪烁。江边有很多搬小罾网的，这种小罾网只有四五米见方，用两根交叉细竹竿对角绷起，一根绳子直接拴在网架上，守株待兔似的等上一会儿，用力拉起绳子，罾网就出水。有时候很有收获，网心里有许多小鱼儿乱跳，有时候也能捕到鲤鱼、鲇鱼、翘嘴白和螃蟹。正经的渔民，通常将船划到一片饵料丰富的回水区域，下丝网，不论小鱼大鱼，只要粘上了就跑不了。小鱼挂在网眼里，出水时一闪一闪地晃动，有时一条丝网就可挂住十多斤小杂鱼。那时候小杂鱼不值钱，一毛钱甚至几分钱能买一堆。渔民往往将个头大和成色好的鱼挑出来，拿到菜场卖，或是留给自己做下酒菜。剩下的那些快烂肚子了，就卖给农户喂猪喂鸡，产仔的母猪吃了奶水足，鸭子和鸡吃了下蛋特别给力。

时过境迁，现在许多鱼都从长江里消失了，像娇嫩的鳑鲏鱼，受不了污染水质的折磨，早已随着鲥鱼一同告别了我们。剩下的一些小杂鱼也是身价倍增了，甚至成了一些饭店的招牌菜，要好几十元一盘。就拿原来渔民用来喂鸭子的泥鳅来说，只要说是野生的，就能卖到二三十元钱一斤。有时菜谱上明明写着小杂鱼，但你点到名却被告知卖完了。到饭店里点长江杂鱼也有讲究，不是随便来一盆那么简单，至少你要问一下今天的一盆小杂鱼里有哪些品种？杂不杂？

上次在一家长江鱼馆吃小杂鱼，居然要三十五元一盘。三十五就三十五吧，我清楚地看到那堆小杂鱼中有好几条胖嘟嘟的红尾巴肉餐，这种餐鱼体态俊美浑身是肉，最好吃了。可是烧好端上桌却成了清一色的一拃长的翘嘴餐。随即叫服务员将店老板找来。没想到店老板强词夺理，说翘嘴餐就是小杂鱼里最好的鱼。我气不过，问他是真不知还是假不知。我告诉他，餐鱼里有白餐、肉餐，肉餐又叫油餐，还有黄郎餐，而翘嘴餐是最差的，肉少刺多，要是腌干了就是个壳壳子，"翘嘴不上料，打死没人要"。翘嘴餐要是能长到一两斤重，肉丰满起来，又成名贵鱼了，即翘白鱼，又称白鱼或白条，无论清蒸红烧皆美……店老板跷起大拇指："你是行家，吃鱼的行家！"他哪知道本人会走路就会捉鱼了，凭一片鱼鳞就能识出鱼的品种和斤两。以后每次到那家江鲜馆吃饭，店老板见了总要客气地过来招呼。

小杂鱼清洗容易，不必动刀剪开膛剖肚，抓一条在手，另一手的大拇指甲贴着鱼尾向上一推，批尽鱼鳞，顺手在鱼胸鳍处一掐，掐出口子，一挤，里面一团肠杂就全出来了。掐鱼时手下稍留点情，只需挤出胃肠，鱼子留在腹中，小杂鱼的子细嫩软和，实属鱼中美味。要是胆没除掉或是弄破了，鱼肉带上苦味，舌上的味蕾就有些纠结了。碰上昂丁或是痴咕呆子鱼，只要掐住鱼鳃那里往下一扯，就把内脏拉出来了。小杂鱼收拾干净，以家厨的技艺烹调，关键就是一个辣。"烹"不同于"焖"或"煮",要重用辣椒,可加适量上汤,烧至浓稠,小刺卡全都软扒下来,满嘴辣呵呵的,辣得够劲,方才香鲜无比。

过去农家烧小杂鱼,在锅里煎好,放入葱、蒜、水磨大椒和自家晒的板酱,再倒进一碗水,将鱼全部浸没,盖锅焖至汤水收去一半就行了,出锅前撒点芫荽或青葱。如果混入几只虾,不仅起鲜,而且红红的颜色十分漂亮惹眼。寒冬腊月,小杂鱼盛进碗里,一夜过来冻成鱼冻,味道绝对鲜盖掉了。记得小时候老人常说,吃鱼冻子能把家都吃穷的,即鱼冻特别下饭耗粮食,桌上有一碗鱼冻,煮饭时就得估量着多下一碗米。要是把小杂鱼煎得干硬一点,和切细的雪里蕻在一起烧,放上一勺猪油,加点红辣椒丝和青翠的蒜苗,佐酒佐饭都是极品,其对味蕾的刺激,几乎达到无以复加的地步。

然而现在馆子店里对小杂鱼的通行烧法,首先在油锅里将鱼炸透,再加入姜葱蒜和红尖椒以及料酒、老抽、糖、醋一同烩煮,直煮到色泽微黄,肉骨皆酥为止,起锅前以水淀粉收汁。讲究的是小鱼整吃,从头到尾,放到嘴里嚼,不用吐鱼刺,酥香鲜美,微透酸甜,食后齿颊留香。即使是在"农家乐"吃的那种多汤的煮法，也是先经油炸定型，煮时多加辣椒，吃时鲜中带辣，辣中生香，是任何有土腥气的养殖鱼都不能比的。

　　长江小杂鱼里有一种"船钉鱼"，也是一种"肉滚子"，大小如一支最粗的签字笔。"船钉鱼"本有较重的腥气，但经花椒、大茴和糖醋盐等作料腌过，带上麻辣味，在油锅里略炸定型后，用锡纸包了烤出来，嫩如奶酪，贴着鱼脊一吮，肉就落嘴里，香得死人……但一定要趁热吃，越烫越好。

既饱口福又饱眼福的"冷水鱼"

谈正衡

行走在徽山深处的一些村落，常能看到一方方养鱼的水池，或在村口，或在人家屋子旁，还有在高墙院落内，皆巧借地势，利用落差，适当筑碣。水池大小不一，大的有二三十个平方米，小的仅比一张床大不了多少，四周为青石砌岸，有的还用树枝和草帘遮盖，旁植葡萄藤架，水清见底。群鱼往来游动，似与游者相乐，映着天光云影，更显宁静、从容、悠闲与淡定。

听人说，这些池中养的就是大名鼎鼎的冷水鱼。

池中的水，下连泉眼，或外通山溪，因为山高岭峻，水温特别低，尤显清冽。徽州人最是善于利用环境，借用景观，连养鱼也是如此，既可饱口福又可饱眼福。你看那些池子里，通常是一二十条草鱼配上三五条红鲤，犹似锦上添花，更有一大群幽灵一样的小鱼如影相随。其实这样搭配是有道理的，草鱼进食量大，每天要吞下一大堆割来的青草，然后拉下好多像鹅屎一样的暗绿粪便漂浮水面，营养了水蚤，水蚤正好又成了红鲤和小鱼的食物。那些鱼甚是有趣，高度团结，巴掌大的地方，游动一律结队，忽东忽西，同来同去，没有一个思想异端唱反调的。

那一次，我们先上浙岭山脉，但见岗峦相接，逶迤而来又逶迤而去，苍苍莽莽，宛如一条绿色的长龙。"上八里下七里"的山路，走了两个小时，到岭脚的时候，我们纷纷跑到溪流中泡脚，好爽！只是时已近午，腹中饥肠辘辘，便打电话给休宁县城的一个朋友。电话那头让我们就近去梓坞村吃"冷水鱼"，并详细告知了行径和一个业已联系好的店名。梓坞村有"梓里八景"：弓月凝祥、文笔凌云、独石成虹、钟山夕照、湖岳钟灵、屏山耸翠、中流邛石、古庙钟声。村中的宋氏宗祠更是值得一看……结果，却歪打正着摸进了相距不算太远的徐源村。徐源村不大，挂在沂源河的尽头，狭狭的，弯弯的，似一长龙，绵延一里有余，左右有两座高山相夹，一座是浙岭，一座是高湖山。前者是春秋时"吴楚分源"

之地，海拔近千米；后者是历代藏经讲学的圣地，曾有白云古刹和高湖书院，海拔一千一百多米。

走进徐源村，已是下午两点多钟了。人说青山孕秀水，水赐予了徐源村娟秀与清灵，水从山涧石罅冷冷淙淙流来，一路浅吟低唱，在村中似玉带飘逸而过……两岸人家粉墙黛瓦，依山而建，傍水而居，屋宇相连，错落有致。村口有数十棵樟树、枫树擎天而立，青石板路边及住家苔痕斑驳的院墙外有不少鱼池，每一个池子里都有大阵的鱼在淡定地游弋浮沉。有的鱼池甚至在村外很远的石径下，水面漂着刚撒下的青草，却无人看守，可见此地民风之淳朴。反正我们是奔"冷水鱼"而来的，且不管梓坞村还是徐源村，只要有"冷水鱼"就偏不了主题。选了一家，讲好价钱，用网兜捞就是了。听说顺着村外我们刚来的那条古道再往上走，翻过山，那边就是婺源虹关、沱川等地。山顶有一座庙，有一对夫妇在守着。下去不远，有个村子，叫什么"溪"，因为地处更高，晴天里只有半天日照，那里的鱼更好吃。

其实冷泉养鱼，几乎是这皖赣边界一带所有

村子的主打产业，随着这些年旅游的繁盛，价格也是不断攀高。尽管如此，专门赶来吃"冷水鱼"的人，还是趋之若鹜。我们吃饭的那家店老板告诉说，该村泉水养鱼有百余年历史了，村里原来有很多几十斤重的大鱼，一条鱼就是一千多元，可现在少了，都被外人买去了。山那边一个村子，有人养的两条四五十斤草鱼，都是活了一大把年纪的长老级鱼。冷水鱼冷水里养，水温高过 20 度就不能存活。这一带哪里都是"泉水养鱼第一村"，哪里都是名副其实的正宗。只是徐源村人更有牛气的资本，他们的"冷水鱼"两次上过中央电视台！

往婺源那边去，"冷水鱼"通常指的就是荷包红鲤鱼；而在浙岭这一边，"冷水鱼"就是养在池子里的草鱼，决无一点含糊。我们捞的那条鱼算是大号的，二斤四两重，一百三十多元，感觉那鱼的脊背特别黑。看着这乌黑的鱼背，我们就放心了，因为来之前休宁的朋友特意关照过我们，说现在正宗"冷水鱼"已不多了，大都是"洗澡鱼"。什么是"洗澡鱼"呢？就是从山外买来草鱼放到自己家池子里，养上一年半载，就可以顶替"冷水鱼"卖出。但这种"洗澡鱼"

短期内却无法使脊背变深黑，如果被你勘破挑明了，店主通常在价码上会让你一大截。

一两个时辰后，我们的"冷水鱼"端上了桌。吃起来，有胶状粘嘴的感觉，不但无普通鱼塘养殖鱼的那种泥腥味，且隐约有袅袅清香……鱼肉细腻腴嫩，恍惚如在西湖边吃的糖醋鱼。据说山区泉水多含矿物质，是造成鱼脊变成乌黑的原因，正宗的"冷水鱼"烹饪出来，鱼肉也应是黑色，为大补之品。用筷子拨拨我们面前的鱼肉，果然颜色黝黑光润。当地人红烧鱼还是拿手的，显然吸收了外地手法，醋放得重。关键吃的是个新鲜，从鱼池里现捞现烧，第一时间吃进嘴，特别爽嫩溜口。

徽州深山里的冷水鱼，南宋时就有人在养了。看过央视介绍，知道冷水鱼因终年少见阳光，水质冷幽，生长极慢，五六年才能长到两三斤重。你想想，一条四五十斤重的鱼，那不是比人还活得久远？而且一直是活在方寸水域里，一路走过来该留下多少故事呵……过去习俗，吃"冷水鱼"只有到秋天，每年中秋节起塘，或送亲朋好友，或孝敬父母长辈。

一直觉得，一种美味就像一朵花，开在那

里，虽然美丽娇艳，但唯有遇见和品尝到，花色方能生动起来。

徽州的古村落大多聚族而居，而且单姓的村庄往往以姓氏为名。徐源村应是主打徐姓的牌，可令人惊奇的是，该村地头上并无一户姓徐的，村里五十多户人家，全姓胡。这是怎么回事呢？

我们吃饭的那家，后院里有棵高龄紫薇，树兜、树枝看似枯萎，但是只要用手来回轻轻地抚摸树皮，满树枝叶会像怕痒一般轻摇不已。

到桃花潭触摸李白的意兴

谈正衡

　　凭着李白一首绝句《赠汪伦》，桃花潭从此名闻天下，余韵千年不绝。桃花潭位于皖南泾县城西四十公里的太平湖畔，系青弋江流经翟村与万村间的一段水面。潭居悬崖密林中，水因恬而清，潭因深而静。潭西岸石壁森严，古木苍翠，藤萝披纷，荫蔽天日；东岸白沙堆积，芦苇如帐，风走林梢，顿起瑟瑟飒飒之音。

　　行走在桃花潭古街上，满眼的祠、阁、塔和画龙雕凤的古民居，石雕、砖雕、木雕多且完整，隋唐年间建造的"扶风会馆"、"义门楼"、"谪仙楼"、"怀仙阁"等人文景观移步换景。潭东岸有唐代"踏歌古岸"、"元代鞑子楼"、明代"南阳镇门楼"、清代"文昌阁"、"恺官楼"等。值得一提的是："怀仙阁"二楼匾书"虫二"。据说，人皆对此匾百思不得其解，后来郭沫若破译字中机巧，是谓"風月无边"；让人恍然大悟之余，不禁深叹前人设巧思，后人有知音。

唐天宝年间，泾县名士汪伦听说李白旅居在邻县南陵，欣喜万分，遂修书一封盛情邀其前来，曰：先生好游乎，此地有十里桃花；先生好饮乎？此地有万家酒店！李白欣然应邀前来，却不见桃花酒店之盛事。汪伦解释说：十里桃花，是指十里处有桃花潭；万家酒店，乃潭边有姓万的人家开的酒店……李白听罢，哈哈大笑，笑老祖宗传下的文字机巧无穷，更笑江南人的机智和诙谐。他们泛舟潭上，赏景观鱼，畅饮竟夜，谈笑间盘空杯尽，酣畅淋漓，当是人生之极乐也。在汪伦的陪伴下，匆匆数日过去。诗人作别时，留下了一首千古绝唱："李白乘舟将欲行，忽闻岸上踏歌声。桃花潭水深千尺，不及汪伦送我情。"至今"桃花潭阁"、"踏歌台"犹在，古意凋零，让人触景生情。至于二人开怀畅饮的"万家酒店"，早已房屋尽毁，只留下被行人踏得乌亮的石门槛，静静地躺在深巷里，见证着古往今来的沧桑岁月。

江南三月，草长莺飞，油菜花一片金黄之

时，我与三四友人在泾县城里吃了简单午餐之后，便驱车直奔桃花潭。我们来此，既为追踪李白当年的行游，亦是寻访特色土菜。我于两三年前来过一次，大队人马，由一位当地朋友招待。记得那一次基本是以太平湖的鱼为主打菜，有一道腐皮鱼卷，无论味和形皆不俗，鱼肉剁成糜，加韭菜，外裹豆腐皮包成长卷，清蒸之下，碧绿爽口，清纯动人。还有一道油焖春笋，则遗憾有点偏题了，本来笋以清胜，若是不问青红皂白一以浓赤酱色烩之，犹如让容颜秀丽女子裹以恶俗外衣，窃以为不可取。

下午三点来钟，头上飘起了雨丝。桃花潭沿岸的那一处处竹林，在若有若无的细雨中显得更加葱青生动。远山近岭都是含露吐雾的竹海，害得我们的刘君把相机的三脚架一会挪到桥头，一会又拖到河边，忙得不亦乐乎……雨渐渐大了起来，我们选了一家院墙边有绿竹掩映的饭店，走进门内，干干净净的门厅，墙上挂着原色竹根雕。一个中年女人把我们领进包厢，洁白的桌布，带竹节的筷子，素底绘蓝竹叶的杯碗盘碟，自有一种脱俗的清雅。

要来菜单点菜，发现上次在这里吃过的辣

味石斑鱼（当地的菜单子上写作"黄金野生小河鱼"）、太平湖胖鱼头、萝卜炖山猪肉、粉蒸肉全都有。我们问中年女人山猪肉是否就是野猪肉？她浅笑点点头，不多作解释，又另外给我们推荐了笋块瓦罐炖肉和臭干煲。接着问我们要什么酒？那几位都知道我从来都是以菜论味而不以酒为气场，于是就说，此地有桃花潭酒，我们就喝这个吧……只要没有唐突了酒仙李太白就行。

上菜了，鱼菜最先上桌。我发现各地的鱼头的烧法都相差无几，要么是剁椒的辣味，要么是加豆腐块煲汤，给我们上的是后者，稍不同的是里面放了不少白嫩的笋片。接着，粉蒸肉上来了，这地方的粉蒸肉下面都是垫着豆腐皮，饱吸了油脂的豆腐皮，用筷子扯下一块挑入嘴里，香软腴滑，感觉很好。臭干煲比较有特色，里面也放了笋片，还有胡萝卜；臭干子经油炸泡了，鼓鼓的，一口咬下去，里面的汤汁会滋一声溅出来，淡淡的臭味中夹着一阵竹的清香。

要论压桌的菜，我以为还是笋块瓦罐炖肉。瓦罐很大，是那种敞口的，清楚看得见里面的内容。笋是鲜笋，切成较大的块，肉却是咸的肋条腊肉。笋清香酥烂有细腻回口的甘甜，肉浓香酥烂腴而不腻，红白相间，咸鲜味美。汤清得照见人影，似乎是四时一贯的色泽之美……最后端上来是一盘淡黄的炒笋衣，配上肉片和红艳艳的辣椒片旺火爆炒出来，满室萦绕着清香。我们都是第一次吃这菜，笋衣是笋尖上剥下的一圈皮，一片片炒得边缘卷缩起来，却是嫩极脆极，韧而化渣，嚼起来很爽利，是一种又扎实又有灵气的口感。我不知道李白当年是不是也吃过笋块瓦罐炖肉和炒笋衣这两道菜？

　　一餐饭吃完，我踱进后院。雨停了，天也亮起来，雨过天晴后的空气十分清新，西边的太阳正往一个山缺里沉下去，看过去还有些晃眼。天慢慢地长了起来，喜欢的夏天要来了。后院里生长着一丛丛绿竹，有的新笋已蹿起高过人头。廊下有一古朴石磨，磨盘给掀起在一边，条条道道快被磨平的磨槽，无声地诉说着岁月的久远。院墙外面就是山岭，层层叠叠全是竹，风起处，竹梢起伏摆动，把缕缕的竹香送了过来……想那诗酒仙人李太白来此，原以为要饮遍万家酒店，结果却被忽悠进了一户姓万的人家开的酒店,喝酒,吃肉,观景,赋诗,一桩桩做下来,却也全都给弄得意兴遄飞、风神荦荦。

　　人世间的事,一啄一饮,皆有因缘在呵。

西湖醋鱼，美食美景楼外楼

谈正衡

　　杭州最美是西湖，游西湖不能不登楼外楼品尝西湖醋鱼。

　　春天的西湖确实美丽。来到西湖畔，顺着绿柳参差的湖滨大道，过望湖楼，上断桥，走过白堤，经平湖秋月，就看到了傍依孤山悠然临湖的楼外楼；再往那头就是西泠印社和俞曲园故居，还有秋瑾风雨亭，再绕过去，便到了岳庙和曲院风荷……卓然成姿的楼外楼，正与断桥残雪、三潭印月、苏堤春晓等几处著名景点遥相呼应，可谓风光独揽。山光静对烟波际，塔影清涵水月间。游人虽为造访人间天堂而来，但对天堂美味的期盼亦是一种撩拨——若是能在楼外楼这样的绝胜之处，将窗外的湖光山色、人间美味连同传世诗文一同快意品尝，那才叫不枉西湖之行哩！据说在楼外楼，有以"天堂西湖"为主题的"十景宴席"，将断桥残雪、三潭印月、苏堤春晓等十处西湖名胜意境烹调成美味佳肴，让人们把西湖美景品在舌尖上，藏在思念中！

二十世纪八十年代初，携新婚的妻子早春二月旅游苏浙，在西湖边"楼外楼"第一次吃了西湖醋鱼。我们临湖凭窗，先要了一杯龙井，慢慢点菜，菜上来了，在大快朵颐的同时，窗外有柳絮飘入，清新宜人，印象殊深。那时的游人不像现在这么多，食客也大都是气定神闲的模样，楼外楼仅是碧瓦飞檐二层小楼，而厨师烧菜也都非常用心。西湖草鱼专门养在厅堂楼梯旁的水池里，尺多长，一两斤重，任由客人自点，指哪条抓那条。一番收拾，入油锅炸三两分钟，浇上醋芡，端上桌时鱼的口尾仍在微动，肉质自是异常鲜美滑嫩，又甜又酸，别具特色。只是，如此做法难免有点残忍。

后来再去尝西湖醋鱼，发觉有了改变。一般不再直接活鱼下锅，而是把宰杀洗净后鱼身剖上七刀成两片，用开水煮，浓淡恰到好处的糖醋勾芡，敷覆在拼接得有头有尾有型有款的鱼身上，散发出檀香木般清亮幽雅的光泽。因鱼已先在清水池里饿养两天，吐净胃肠，故吃来不但没有丝毫泥腥味，且恍惚间有一缕缕蟹肉香。这个菜的特点是不用油，只用白开水煮再加调料，烹制时火候要求非常严格，仅三四分钟，至鱼的胸鳍竖起，以鱼肉断生为度，讲究食其鲜嫩和本味。看看店堂壁上悬挂的题词，你就知道难怪那么多文化大佬和各界名流趋之若鹜。

浙菜富有江南特色，用料讲究品种和季节时令，刻求细、特、鲜，以充分体现食材质地的柔嫩与爽脆。其三鲜海参，可以说是名动天下。在以经营杭州风味菜为特色的楼堂馆所，主要名菜除了西湖醋鱼，还有宋嫂鱼羹、龙井虾仁、东坡肉、响铃儿、叫花童鸡……菜点如西施舌、银丝卷、三鲜烧卖、虾肉烧卖、猫耳朵等。

说到西湖边的菜，杭州人自有说法。说是一百多年前，一个姓洪的落魄秀才，从故乡绍兴来到孤山下的寺庙旁开了家小店，将鲜活的西湖鱼虾烹成特色菜肴，供应往来游客。秀才利用肚里墨水，将流传在西湖的史迹传说糅进菜谱中，在材料、品色、口味、特色上挖空心思，创出极富文人味的特色菜，渐渐就有了名声。西湖醋鱼自是湖边的第一招牌菜，是点睛之作。有人说，西湖醋鱼真正原创者是一位颇受文人眷爱的"宋嫂"，由其小叔子给打下手，故西湖醋鱼又叫"叔嫂传珍"；也有人说，袁枚《随园食单》里的"糖醋溜瓦块鱼"，才是西湖醋鱼的最初范本。还有西湖莼菜羹，晋朝的张翰见秋风吹起，思念故乡鲈鱼莼菜美味，干脆弃官回乡，典故和诗意就在色泽素雅滑爽鲜嫩的汤羹中。宋嫂鱼羹、鲈鱼肉丝笋丝的鲜味和火腿丝的烟香融合得天衣无缝，令人食之不得停筷。"裙屐联翩买醉来，绿阳影里上楼台；门前多少游湖艇，半自三潭印月回。何必归寻张翰鲈，鱼美风味说西湖；亏君有此调和手，识得当年宋嫂无？"食客中多有文人雅士，西湖的美食随着他们的诗文蜚声天下。

酸可去腥，辣能压阵，于江浙和沪上人而言，甜最能轻轻巧巧养护诸多人生杂味。去年秋我在广西转了一圈，发现那里所有鱼菜都要放西红柿，酸且辣。我是嗜甜不耐辣。这些年，我自己在家也仿制过西湖醋鱼，却一直算不上成功。问题不在剖鱼打刀花，也不在放清水入锅，加糖、盐、黑醋、酱油、胡椒粉煮滚，再入生粉勾芡……主要是鱼入水汆，嫩时难以出锅。失败几次，后来终于摸索出一个办法，连盘一起入水，就能保持鱼形。并且采用原汤熬汁，不必加油，尤其鲜嫩爽口。只是有一条件不能轻易达到，草鱼一定要是活的，尺来长正宜，大了肉就过老，最好先放清水里饿养三两天，使鱼肉收紧。

不管是在西湖边还是不在西湖边，要想品尝正宗的西湖醋鱼，就要去一些著名的杭州餐馆。但是对于普通外地人来说，叫得上口的大约只是孤山旁的"楼外楼"和林隐寺那边的"天外天"，此两家餐馆终究是历史悠久名声在外，菜肯定可以算杭帮菜的上品了。倘若你要是向杭州本地人打听哪里的西湖醋鱼最正宗，他们或许会告诉你一些像"天香楼"、"新白鹿"、"王润兴"、"张生记"、"奎元馆"等等这样的名店，当然消费都是不低。据说杭州本地人最爱去的地方，是"外婆家"，那里的杭帮菜不但正宗而且价格相对较低，但同花港观鱼那边红栎山庄旁的"知味观"一样，就是人太多，你要做好排长队的准备。

今年春深时节我同妻子再往杭州，再往西子湖上的苏、白二堤和孤山灵隐寺一带观赏湖光山色。烟花三月，细雨如丝。因是惧怕人多，我们约摸在上午十点半即步入楼外楼，但人还是多得不得了。好不容易才拿到菜单，点了一份极品西湖醋鱼，价格就高得吓人 198 元/斤。我是着意要探寻一下"极品"西湖醋鱼的风致。起先我以为也是要以草鱼做食材，不料厨师在下单前，将一条装在小桶里的鱼当面给我们看了看，黑乎乎的，有点像大号的塘鳢鱼（即俗称"桃花痴子"），又像是著名的松江四腮鲈鱼。一旁的女侍说，鱼重 600 克，即一斤二两，意味价值在 240 元左右。当然还点了油汁淋漓的东坡肉和宋嫂鱼羹，还有莼羹，另加一份甜点东坡酥。西湖醋鱼最后端上来了，对开两片，扁平地躺在椭圆宽大的青花盘中，浇着晶莹透明的琥珀色的糖醋汁，看上去就勾起人的食欲。伸筷夹一小块进嘴里，一股酸甜之感瞬间弥漫舌苔，再以舌头轻轻一裹，品咂，嗯……味儿一如既往，是不老年华的鲜嫩、滑爽、纯净……没有一根刺，大约便是这"极品"鱼与普通西湖草鱼的区别吧？后者的价码却只有前者的三分之一呵。

　　当晚，我们从曲院风荷这里上了苏堤，在拂柳的和风中一直走到花港观鱼这头，正好于暮色中顺便去霓虹闪烁的红栎山庄那边再尝滨湖美食。因我曾写过"曲桥细柳忆娉婷，红栎楼前酒几巡"的旧句，故对这里的延廊曲桥和碧瓦雕窗尤为动心。岂料进了灯火辉煌的"知味观"一看，吓得立马跑出来，除了进门厅坐满了候菜的人，外面还排了长长的队，真不知道这西湖边哪来如此多的饕餮之徒！没法，我们干脆寻幽探奇去丝绸馆和于谦祠那后面的山上，找了一处挂红灯笼的农家菜馆，看看农家烹饪的西湖醋鱼和东坡肉是什么风味，另外还专门招呼烧了一盘素炒新笋，一盘水芹干丝，一碗山菌汤。几样菜肴倒也收拾得精致清爽，红黑绿白，颜色也都挺诱人，该鲜嫩的鲜嫩该本味的本味，连同两碗米饭一起，一张百元钞就对付过来了。饭后出来，走在灯火迷蒙的山道上，感觉很是别致。

君子好色食红鱼

谈正衡

　　若论中吃又中看，恐怕没有什么能超过婺源荷包红鲤鱼了。这种红艳迷人的鱼，简直就是游动在水中的鲜花。在风景名胜地和公园的池塘里，锦鲤是最常见的。但荷包红鲤鱼与身形灵动的锦鲤却有很大差异，荷包红鲤鱼头小尾短，背高体宽，脊部隆起，大腹似袋，故以荷包名之。

　　鲤鱼是金鱼的近亲。据说，荷包红鲤鱼原是明代深宫中的金鱼变化而来，某年一位婺源籍高官大佬告老还乡，皇上多少有点恶作剧地赐给水湿湿活鱼一对。以后，这对千里迢迢小心呵护着捧回家乡的鱼，就在婺源繁衍生发，花团锦簇，民间互赠，香火延传。婺源历史上曾属徽州，山明水秀，松竹连绵，飞檐翘角的民居或隐现于崖峰青林之间，或倒映于溪池清泉之上。徽州除了牌坊匾额这些帝王敕封外，连鱼中也有皇亲国戚。徽州大户人家喜在院中掘池或置大水缸蓄养好看的鱼，亦观亦食。荷包红鲤鱼同那些古树茶亭、廊桥驿道一样，展示的正是一种地域的风雅。徽州地面上还有许多很特别的东西，就拿做菜来说，多喜欢蒸，清蒸、粉蒸、干蒸，从蹄髈到苋菜，不问荤的素的无不可以拿来蒸。弄得做徽菜的厨子到哪里都背着笼屉，虽是外人有点看不懂，不过你也别说，这蒸菜就同那些明秀的山水一样，最能保住原汁原味。清蒸荷包红鲤鱼是婺源风味鱼馔，以"池中芳贵，席上佳肴"闻名天下。

十年前，我带队省副刊会采访团去婺源，午后到达，第一餐在县委招待所，就享受了清蒸荷包红鲤鱼的美味。白盆红鱼，真有点让君子好色了。初见之下，感觉鱼肉很厚实，特别是肚子上的肉呈透明状，鼓鼓囊囊的，以为里面全是鱼子，没想到用筷子拨开来全是肉。迫不及待尝上一口，果然名不虚传，鱼肉肥美嫩滑、甘腴香鲜，鱼刺细小柔弱到可以忽略不计，特别是一点儿腥味都没有，就像吃爽口的嫩豆腐一样。众人边吃边呼过瘾，风卷残云一扫而空。剩余残汤，用汤匙舀了入口，也是鲜美异常。主人慷慨，我们受益，以后每天都有荷包红鲤鱼佐餐。红鲤鱼先在油里煎一下，然后与咸肉豆腐大蒜一起炖制，亦为当地常见的食法，只是一定要放入足够的紫苏调味。

隔了六七年，一个暮春时节再去婺源。彼时婺源旅游开发正热，到处可见形形色色的旅游者。在县城或那些热闹场所路边店门前的水池里，红彤彤一片，全是养的红鲤鱼的身影，无环肥燕瘦之分，大小都差不多，一条一斤多点，二三十元，现抄现烧。这价格比早先贵了两倍还拐弯。水涨船高，像我们这样的地市级媒介，也不再如先前那般享受到优渥待遇了。好在我们亦有经验，凭着记忆，自己拿张地图开着车子跑，倒也自在。比如我们想吃不是饲料喂出的鱼，就往偏远乡村跑。原生态的荷包红鲤鱼长在深山人未识，市面上很少能见到，其真伪识别，看看那个明显瘪多了的鱼肚子就大致知晓一二了。

那回在里坑往东北的一处深山，找到一户人家，在山潭里撒网现捕，经一个小时的耐心等待后，一锅热腾腾的清蒸荷包红鲤鱼就端上桌来了。做菜时，我就跑到厨间看。当家的是个瘦高中年人，姓汪，据称是在上海打工时经高人点拨，才回家专做野生红鲤鱼的营生。他十分利索地刮鳞、挖鳃、去内脏，洗净拿抹布揩干水，在鱼身两边剞斜形刀花，抹精盐、料酒腌片刻，香菇、葱、姜摆上鱼身，倒入半碗泛着油花的清汤，再挖一勺熟猪油搁上，上笼用旺火蒸，约十来分钟就上桌了。

据介绍，那清汤是用山泉熬制的，若无此泉水的入味，做不出真正美味的婺源荷包红鲤鱼。汪师傅说，清蒸除了好吃，也好看，炖烩稍稍破坏鱼形，要真正品出味道来，还是红烧的好。于是那个下午我们就在周边转，晚上在他家店里品尝了红烧的正宗味道。我们还根据他的推荐，要了当地传统名菜拳鸡和掌鳖，即拳头大小的子鸡和巴掌大的幼鳖，十分鲜嫩。暮春三月，江南草长，正是婺源油菜花弥眼黄灿的时候，山蕨、野芹、小笋这样的天赐野蔬，最能调养口味，无论凉拌或与腊肉同炒，都是无与伦比的美味。

太好看的东西，就是天珍，将天珍吃到肚子里，近似暴虐。我曾将带露的金黄南瓜花摘了投开水锅里焯了，切碎炒鸡蛋，尽管味道不错，但把太漂亮的东西投之锅镬再吃掉，总是有点顾忌和惭愧的。我家阳台上放有一口半人高的景德镇产彩绘山水观赏鱼缸，内有一条足有半斤重的琉金鱼，通体鲜红，也是头小背隆，大腹便便，同荷包红鲤鱼甚是相像。曾有朋友开玩笑让我烹吃了，说味道一定不错。

……哦哦，是么？我有点怔怔地看着他。

"脍炙人口"跳水鱼

王毅萍

晚饭有一碟清蒸鳊鱼，肉嫩味鲜，只是有太多的细刺，要想享用这条鱼，得有绣花的工夫。终于无奈，半嚼半咽，也算暴殄天物。

住在江边，小城又多湖泊沟汊，但家常吃鱼的品种还是有限，鲫鱼、鳊鱼、胖头鱼而已，鲈鱼、鳜鱼也有，贵且不说，菜市上还很难看到行踪，估计是让酒店收去了的缘故。

作家阿成出了本书，叫《馋鬼日记》，东北人干事实在，不搞花架子，一篇篇写食文字，从头到尾连在一起，连留白都没有。他写过一篇"煞生鱼"，记的是在黑龙江乌苏里江吃鱼的情形。据阿成写，"煞生鱼"就是古代宫廷名菜"鲜鲤之脍"。唐代《酉阳杂俎》有记，当时制鱼脍的高手切下的鱼片，能随风飘舞。再看阿成写"煞生鱼"——鲜活的大鲤鱼，活蹦乱跳地从水池里捞出来，被店主老侯按住鱼头，手脚麻利地片肉切丝，用醋一煞，鱼丝竟然还在盘中蠕动，现摘顶花带刺的黄瓜，洗净切丝，放进鱼盆里，再加上辣椒末、香菜末、蒜末、盐等，虎虎生风地一拌，妥了。"天啊，太好吃了，给个处长、局长都不做呀。"

"脍"无缘吃过，但也有一次有意趣的吃鱼经历。

记得那是夏天，女友请我们去吃鱼。一行人来到东郊，兜兜转转找到地方，下车一看，一溜边的简易房，几张原色的方桌，一色的长条板凳，吊扇在头顶上呼啦啦地转，老板娘胸门口挂着个小黑包过来，收了钱就让我们等着。一等不来，二等不来，我不耐烦了，转到他们的厨房去打探情况。

厨房沿墙砌了个大池子，养了许多条胖头鱼，只见厨师举着大斧头，一条活蹦乱跳的大鱼到他手上，一斧子就劈开了头，然后刮鳞剁块。一盆盆鱼块先是用生粉作料拌过后，在油锅里汆一下，然后再倒进一口硕大无比的锅里，用大火炖着，厨师们把整篮的红朝天椒和不知道名字的香料往锅里倒，顿时香气就缭绕开了，外面坐着的吃客一拨拨来催，厨子们不为所动，稳如泰山地看着那大锅里的鱼咕嘟咕嘟滚了好长时间，这才揭开锅盖说，好了！

这里装鱼用的是铝脸盆，筷子就跟毛竹似的，毛拉拉地扎手。店里除了鱼以外没有别的菜，你就专心致志喝着啤酒吃鱼吧。尝一块滚烫的鱼，滑、嫩、鲜、香、辣，一种没有沾染匠气的野性味道在心中蔓延，你可以把这里想像成乡间的茅草屋，屋外是一望无边的青纱帐，还有一面湖水……

泡茶的琴鱼会奏乐

李幼谦

　　皖南泾县是个好地方，黄山余脉、九华山余脉在那里绵延，青弋江在崇山峻岭里穿行，物华天宝，人杰地灵，有许多名景奇珍。金蔡村、银孤峰、章渡吊脚楼、弋江桃花潭、天下第一的宣纸厂……都是游览过的地方。能去那里，有一段机缘：先是母亲任教的中学从芜湖整体搬迁到泾县昌桥，她在那里教过两年书，然后是大弟弟在那里下放，再以后，是舅舅在统管泾县的宣州报社当副总编，所以不仅能经常去观赏美景，也认识不少人。

　　八十年代后期，有朋自泾县来，带来了巴掌大的一盒茶点，说是地方特产，粗糙的包装盒上有"泾县琴鱼"几个字，来去泾县几多回，还没听说过琴鱼这名字。打开纸盒，里面是塑料袋，塑料袋里有条茶模样的东西，倒出来，一股咸咸的香味，带着淡淡的腥味，不是茶叶，是小小的鱼干，头粗尾细，曲偻着身子，最多不过两三厘米长，暗黄带点褚色，其貌不扬。朋友说这是泾县琴溪的琴鱼干，多用来泡水代茶饮用的，所以叫"琴鱼茶"。

鱼干泡茶喝，还是头一回，我当即放进玻璃杯中，冲入开水：神了，奇了——小鱼"活了"，渐渐舒展开身子，鳍乍尾曲，睁眼张口，背脊在上，腹部朝下，居然上下沉浮，如鱼儿在沸水里游动一般。茶水慢慢加深了颜色，也不过浅浅的明黄，揭开茶杯盖子，一股鲜香的气味从茶杯口弥漫开来，喝一口琴鱼茶，咸味也无，腥味也无，鲜美无比，清香醇和的味道沁人心脾。

朋友说，这琴鱼茶虽不能生津止渴，但能解毒养生，过去还是送进京城进贡皇上的。泾县好玩的地方几乎跑遍了，怎么没有听说过琴鱼？他问我去过琴溪没有？我真孤陋寡闻了，但想想去泾县的那几年都在"文革"中，只有参观新四军军部，凭吊皖南事变的发生地这些革命活动，连章渡酱菜也不敢买，哪敢打听哪里有好吃的。

说着话，我掏出杯子里泡得胀开的琴鱼，捏在手里，长不足寸，宽宽的嘴，扁扁的腮，如鲶鱼一般有胡须，嚼在口中，细细品尝，鲜鲜的，甜甜的，咸咸的，香香的，味美清冽，极其鲜美。

我感叹琴鱼就是大自然给当地人的恩赐。朋友告诉我，泾县历史悠久，物产丰富，有很多的名优特产自古受到文人雅士、皇亲国戚的青睐。我想起来了，宋代诗人梅尧臣赋《琴鱼》一诗曰："大鱼人骑天上去，留得小鱼来按觞。吾物五乡不须念，大官常馈有肥羊。"那小鱼就是指的这琴鱼吧，难怪用《琴鱼》为题。他说是的，说欧阳修也有《和梅公仪琴鱼》诗，其中就有"溪鳞佳味自可爱"之句，可以说对琴鱼美味倍加称赞了。

给朋友泡的黄山毛峰，给自己泡的泾县"琴鱼茶"，很有点自私，他不觉，给我介绍琴鱼的奇处。

其一是来历奇：相传，在晋代时有个叫琴高的隐士，到泾县找到这山清水秀之处修仙炼丹，炼丹之物都是些植物矿物什么的，丹渣就是废料，没有用处，于是倒在山下的溪水中，顺水漂流一里多路。突然有一天，琴高修炼道成，骑着一条大鲤鱼升空而去，他倒进小溪里的丹渣顿时得道，化作条条小鱼。因此，他炼丹的石台叫做“琴高台”；台下的水溪取名“琴溪”，溪中小鱼就叫做“琴鱼”了。

其二是琴鱼长相奇：人们归纳为长不过寸，口生龙须，重唇四腮，鳍乍尾曲，嘴宽体奇，龙首鹭目，槎头秃尾龙鳍果腹，鳞呈银白……果然小而异相。

其三在琴溪中会演奏音乐：据说琴鱼白天比较安稳，午夜子时，琴鱼就活跃起来，游动在潺潺的溪水中，不时跃出水面，激出水波，铮铮作响，如无数音符在五线谱上飞动，溢出阵阵琴声，悠扬悦耳。难道真是琴鱼在弹琴作乐吗？我们明白了，琴高应该是个弹琴高手，那些小鱼，应该是他弹琴时的音符落入溪流中化为的。

其四是琴鱼每年出现的时间地点极其有限，也就是琴溪桥上下一里路那么长的一段河流中才有，一般农民每年农历三月初前后才能捕捞到。当茶农开采茶叶时开始出现，到最后一茬茶摘完消失，非要到第二年的清明前后才出现。

其五是捞捕加工也特别：琴溪村民在鱼汛时纷纷出动，用细密的竹篓、篾篮在琴溪滩头张捕，捕获后放进有茴香、茶叶、食糖的盐开水中将鱼焮熟，再用炭火慢慢烘干，精制成琴鱼干收藏，只有逢年过节或者来了贵客才作为杯中佳茗招待人。

其六是吃法特殊：没有人拿来打汤烧煮作为菜肴烹制。琴鱼干鲜美多味，细嫩酥脆，色泽明洁，不焦不黯，捏几只放入杯中，冲入开水，琴鱼干马上上下游动，宛若鱼在水中蝶泳，栩栩如生，就像活鱼跃于杯中一般，入口鲜香，喝了茶汤再吃琴鱼，鲜、香、咸、甜集于一口，别具风味。

这么怪的鱼，这么好的鱼，正因为很少，所以才以饮茶精品著名，难怪早在唐代就被列为贡品，算我有口福。泾县人民不仅创作了神话，而且发明了鱼茶，地灵人杰，名不虚传。

没有硝烟的熏鱼

李幼谦

中国字很有意思，当"熏"字回归俗作的"燻"字时，它的会意成分更明确了：旁边有火，烟突冒烟，物体变黑，熏鱼与熏肉都用了这个字，模样不同，内容不同，制作方法也不同，这就是华夏东西方的饮食文化差别。

有个高中同学是回族人，和我特别要好，好到买了包子她吃皮我吃肉馅的地步。她家的菜特别好吃，就喜欢在她家蹭饭。彼此成家后，更理直气壮去她家过年了。她夫妻俩都是教师，经济条件不错，菜肴比她娘家更上一个档次。先上桌的是四个凉菜：兰花干子、八宝菜、皮蛋拌豆腐，还有一碟码得整整齐齐却又长短不一的条块，干干的，细细长长的，烟熏黄中带些褐色。夹起一块，断面却有些猩红，一股香气扑鼻，混合着鱼味及醇厚的鲜香，闻之口舌生津，吃起来异香满口，酥到鱼骨头也成齑粉，吃得渣都不吐。问同学是什么鱼做得这么好吃？说这是熏鱼。

鱼不是肉，也能熏着吃？鱼肉松散，如何切成这一条条的？既然是鱼，怎么没有刺？我有一连串的问题，她只是笑笑："你这马马虎虎的人也想做熏鱼？太麻烦，想吃就到我家来吧。"

我不服气，不因她是回族人，差点说出"没吃过猪肉，也见过猪跑"的话来。心想四川的熏肉我是会做的，不就是腌制以后用烟熏么？好办。正好，夫家农村送来条筷子长的咸鱼，我们老家不喜欢这东西，过年有菜，也没弄来吃。

过完年，熏鱼的余香还在我味蕾里萌动，心想何不自己做做？熏鱼和熏肉，只是食材不同而已。那些年月物资匮乏，烧的是一个小灶，于是将咸鱼吊在灶门上，烧火的时候自然有烟熏火燎。看见鱼变成黑炭片子了，取下来，用淘米水刷洗干净，砍成块，然后与熏肉一样蒸着吃。满怀欣喜放进嘴里，满腔悲愤吐出口来——天下怎么有这样难吃的鱼？没有鱼的鲜，只有更咸的味加上烟气，大约那条咸鱼扔进火里烧出来也比这好吃。

怀念熏鱼，不耻下问，抽时间去同学家取经。听说我做熏鱼的经过她大笑，这才告诉我，熏鱼不是烟熏出来的，而是要经过很多道工序，而且，最好是大青鱼。那年月物资匮乏，弄到大鱼亦非容易，大青鱼更难得，那是比较上档次的鱼。所幸，丈夫工作分到水电局，在乡下买鱼方便、便宜。工作的第一年，年前终于买回来一条十多斤的大青鱼，大得浴池勉强才能放下，剖鱼时把一把菜刀砍成了锯子，弄得卫生间如屠宰场一般充满了血腥味。

　　看着分解好半尺长一段段的鱼身子，我们俩有分歧，我说做熏鱼，他说做醉鱼，相互都攻击对方的手艺不行，恐怕糟蹋了上好的食材。争论半天，终于和解：鱼头鱼尾烧汤，因为他说"青鱼头尾赛燕窝"，"超级燕窝"只有煮着吃。鱼肉各分一半，我做熏鱼，他做醉鱼。

　　我按同学传授的方法，将鱼肉片下来巴掌大小的一块块，洗净以后用酱油、姜片熬制的调料浸泡一天一夜，然后取出来放太阳底下晾一天，再放入油锅氽炸熟。丈夫以为这样就可以吃了，却说不怎么好吃。我说才完成一半工序。油炸好的熏鱼已经有黄亮亮的颜色，但还需要烩制。先准备卤料：用小锅将高汤烧开，放入糖与酱油，加适量的盐，再加进小茴香、八角、桂皮、味精、料酒、葱把、姜片和五香粉煮成卤水，将炸好的鱼块放卤锅中小火煮熬。待到漫过炸鱼块的卤水慢慢被小火熬干，熏鱼全部吸收了卤水的味道，鱼骨头也酥了，熏鱼就做好了。

在没有冰箱的时代，做出的熏鱼在冬天易于保存，冷食、热食都可以，来人更加方便，取出一两块，切成橘瓣那样的条块，装盘子上桌子，香酥味美的熏鱼片得到客人的赞赏。第一天腌，第二天晾，第三天油炸烧烩，虽然我一连忙了几天，但终于做出一道美味。而丈夫的那一半青鱼还处于腌制阶段，一周后又需要晾晒几天，然后砍成小块装进坛子里，洒上酒，密封起来，再过一段时间才能吃。所以，吃到他的醉鱼，已经是我的熏鱼连渣渣也不剩的时候了，他的醉鱼只是咸味带点酒味，理所当然甘拜下风了。从那以后，年年过年都要我做熏鱼，除了自家享用与待客，他总要包一小包给他母亲尝尝。

在过年的氛围中，喝着酒，吃着菜，大家都夸熏鱼不腥不腻，有咸鱼特色，也有干鱼的模样，还有它们都不具备的味美香醇的滋味。

所以，熏鱼在长江下游是过年的一道上菜，普及到千家万户，从南京熏鱼到苏州熏鱼再到上海熏鱼，差别也都不大。要说，当初没有冷藏技术，可咸鱼已经解决了保藏的问题，为什么还要发明熏鱼？都是为了丰富食品的种类，使生活更美好吧。只有热爱生活的人，才愿意费心费时费力地创造美食，世界因此而充满了感性韵致与地方风情。

荤

之

味

当猪头遇上玫瑰花

王毅萍

　　花卉入馔，自古有之。花入茶、花入酒、花入粥……思之清雅、观之美艳、食之别致。菊花茶、茉莉花茶等等，在我们这江南小城是极其普通的饮品了。曾有朋友送我一小罐白梅花蕊，泡茶时放少许在杯里，让人无端想起宝钗的冷香丸来，这梅花茶喝起来就有几分意思了。

　　闲看古代饮食风情，元代有一道大俗大雅的菜，绝对让人惊艳，不得不叹服古人食俗的情趣与风雅。猪头本是俗不可耐、难言风情的食物，没有多少美感而言，古人偏把它泡在玫瑰花液里，待花香入味，猪头也染上娇艳的粉红时，再撒上细盐，用竹签插着放到火上炙烤。猪头肉原本油腻膻腥，很少能登大雅之堂，当它遇上玫瑰花的时候，就仿佛一个粗鄙的莽夫，邂逅了一场温柔的爱情，顿时变得体面起来。想来这道菜的色相口味，怎么都不会输给《金瓶梅》里那一根柴火就炖得稀烂的猪头吧？

"玫瑰猪头"估计已经失传，即使庖厨们知晓，也懒得费这个心思，要给肉食们上色，自有现成的色素预备着，方便快捷的炮制下，味道大打折扣是不消说了，那番烹者与食者对饮食的精致心思，在这浮躁的当下，也早就跑到爪哇国里去了。

《花疏》中说，玫瑰非奇花也，然色媚而香甚，旖旎可食可佩。玫瑰以糖霜同捣收藏之，谓之玫瑰酱。说起玫瑰花入食，玫瑰花茶是最常见的，据说能美容养颜，如今也不算难得，茶叶店与超市都有卖，小小花朵抱成团，嫣红从花尖一直淡到花萼。若是一朵朵在玻璃杯里慢慢泡开，浮在碧绿的清茶之上，犹如娇艳的玫瑰在绿野里悄悄绽放。这玫瑰花茶，即使不能养颜，起码养眼、养心。

说起玫瑰花酱，倒是在江城小吃里无意觅得芳踪。安师大东大门和花园街都有卖木瓜水的，木瓜水本不是芜湖特产，其来自云南，是清凉降火的妙品。木瓜粉加水调制的木瓜块，色白透明，状若水晶，和芜湖的凉粉有点相似，但是更加晶莹剔透，且是甜的。几勺木瓜连粉带冰从保温桶里舀出来，浇上一勺黄色的酸角水——这酸角据说是特地从云南带过来的——再浇上两勺嫣红的玫瑰花酱。这时候出场的玫瑰花已经不是泡茶用的小玫瑰了，花瓣有小拇指长，被蜜糖腌成了绛黑色的一条，若不是有心询问，根本想不到它就是曾经娇艳欲滴的玫瑰，只是它奇妙的花香却掩饰不了，和酸角水一起，轻轻调动、抚慰着我们的味蕾，那种沁人心脾的酸甜清凉，是白日当空下的一片绿荫。

在芜湖，能与这玫瑰花酱媲美，比它又更家常的当是桂花卤了。桂花卤与玫瑰花酱相比是另一种风情，犹如可爱的邻家妹和可羡的美佳人。桂花树在芜湖极多，八月时节，繁花累累，沉香浓郁，将采摘的桂花用糖腌了，一年四季都可以吃到香甜软糯的桂花酒酿了。

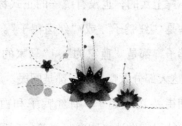

口福与幸福原来如此接近

谈正衡

说到吃鸭子，我们第一想到的是北京全聚德
烤鸭，南方的恐怕要算得上是南京板鸭，还有武
汉的酱鸭。其实，芜湖的红皮鸭子一点不输于上
面的三种鸭。只要你一尝那味道，虽不说是香艳
四射，但的确是有挡不住的诱惑……所以有时我
觉得这鸭子是带上了风尘气。

知道芜湖的红皮鸭子好吃的，只有芜湖人和
到过芜湖并在芜湖吃过鸭子的外地人。在芜湖的
大酒店是很难吃到红皮鸭子的，芜湖红皮鸭子都
是街头小摊上卖的，也没有统一的正式称谓，通
行的叫法是"红鸭子"或"红卤鸭子"。芜湖人
说起红鸭子，都是"蓝家的"、"马家的"、"王
家的"，这大部分做鸭子的，都是回民。

芜湖街头卖的鸭子，有红鸭子和白鸭子两
种，摊主持刀问你选择取向时更简捷干脆：要红

的还是要白的？白鸭子是卤出来的，红鸭子是抹上糖稀烤出来的。红鸭子的制法，是选用一岁左右不太肥的鸭子，褪毛，开膛，清洗干净，拿毛刷蘸着糖稀或蜜糖浆将鸭子周身刷遍，放进油锅里炸。其实，说"炸"也不准确，并非要炸透，只是锅里油烧至中热，下鸭子滚几滚，油至高热时捞出，行话叫"放油锅里爆一下"。之后，再上炉去烤，烤至金黄透红即可。红鸭子的皮，不同于北京烤鸭那样油光泛亮，而是泛着一层蜜光，脆而不酥，有一种特别的咬劲。毋庸置疑，红鸭子是烤鸭的一种，但跑遍全国各地，只有芜湖的烤鸭有卤汤。蘸了这种秘制汤卤的鸭肉，咸中带甜，特别鲜美。

红鸭子是烤鸭，那么白鸭子就是卤鸭了。芜湖的白鸭子不同于南京的板鸭和盐水鸭，南京的板鸭是腌过再卤的，肉板，油少，吃起来有一种特别的味道。盐水鸭未经腌制，少了一道程式，是板鸭的简化版。板鸭和盐水鸭还有不同之处，一个放卤，一个不放卤。板鸭的制作大都在秋季，经过稻谷催肥的当年仔鸭，膘满体壮，经腌制、风干、焖、煮而成。因为适逢农历八九月丹桂飘香时，所以也称桂花鸭。芜湖的卤鸭，皮色乳白，肉质红润，肥而不腻，香嫩皆具，实际上也是盐水鸭的一种。芜湖最早是清真马义兴的鸭子最有名，风格上吸收了芜湖对江无为板鸭的特点。无为板鸭与南京板鸭不一样，是以新鲜鸭子卤制的，称其板鸭是不对的。

芜湖人把买鸭子叫"斩（读成第一声，毡音）鸭子"。家里没来得及做菜或是突然来了客人，就去摊子上排队"斩"点鸭子，有时"斩"一只鸭腿回家，纯粹是自斟自饮为了下酒。摊主在斩好鸭子后，会问你"要不要卤"。这卤不要太可惜了，无论是红鸭子卤还是白鸭子卤，用来烧冬瓜，眼下在芜湖很是流行。要是红鸭子配白卤，效果会更好。将冬瓜切片下卤汤先烧入味，再放进几块红鸭子，为了保持鸭肉香脆，煮一两滚即盛起，简单方便又好吃。

鸭身分为前胯和后胯，大部分人喜欢买后胯，后胯肉多。也有人买回现成的卤鸭，晚上在夜市上分成一碗一碗地摆出来，放点粉丝，配以佐料，浇灌成汤水，再点缀几茎小青菜或者菠菜，就是俗称的"老鸭汤"，味道还真是好极了。

除了鸭颈子与身子搭了卖，其他的零部件都是分开卖，鸭肫、鸭肝、鸭舌、鸭肠子、鸭掌、鸭头、鸭血，价钱各不相同。鸭肫最贵，鸭肠和鸭血最便宜。鸭头从中间一剖两半，专门有人买了，半边半边地啃吮。吮的是脑腔里精髓，啃的是鸭脸两边那种细碎而又筋筋绊绊的肉……但是鸭舌没有了，鸭舌早被将下来，连着两边细长软骨另价卖。夏天的小巷里，晚风正凉，常见有人赤膊坐在矮桌前，一手鸭头，一手生啤，悠悠然地享受着，掏一块肉，喝一口，撕一片肉，再喝一口。

前些年，有几家鸭子做得好。弋江桥下面有个叫大仙的，他家的鸭子皮脆，肉滑，香甜可口。更早时，东郊路浴室门口有个鸭摊子，摊主好像是回民，出摊总是比别人迟，他的鸭子卖光了，别人的才能卖得动。他家特别注意把好原材料进货这一关，买不到好鸭子，宁愿不出摊。在我居住的靠江边的这个高档小区门外，有一个叫"花脸"的人卖鸭子，每天中午和晚上，摊子前都排着好长的队……享受他家的口福，没有耐心万万不行。无论是红鸭子还是白鸭子，都不像北京烤鸭那样价格贵得吓死人。芜湖的鸭子一点不高贵，不进大酒店，只在街头摊子上安身立命，永远那么亲和、自然。

就像吃全聚德必须是现场原汁原味制作，一旦真空包装之后，味道就大打折扣了。芜湖的鸭子也是现斩现吃味道好，时间摆长了就不行，估计这也是不容易做大的制约。北京烤鸭吃法多，皮和肉片下了之后，鸭架子还能弄出许多花头来，芜湖的鸭子就只一种入口的路径，永远只能算小吃，不主流。但是，不主流或者难入大雅之堂，却并不妨碍芜湖的鸭子成为"世界上最好吃的鸭子"——注意，我指的是红皮鸭子！

"狮子头"，一种即食的快意

谈正衡

　　古人说，腰缠十万贯，骑鹤下扬州。20 世纪八十年代中期，我和一个同学总共凑了不足八十元钱装进衣袋坐火车到镇江，再从镇江过轮渡搭了车到扬州。两个穷小子找了一家馆子，记不清是富春茶社还是福满楼，特意要了一份"狮子头"，端上来一看，不约而同叫了起来：这不就是我们家那里的大肉圆子么？怎么叫"狮子头"哩？但那"狮子头"的鲜美味道，确实给我们留下难以磨灭的印象。

　　十年之后，我又一次来到扬州，是同我们报社的一批中层干部来考察的，扬州的报业同行当晚隆重地招待了我们。烤鳗、酱鸭、白汁鱼、鳝丝、大煮干丝，晚宴的丰盛自不必说。这种场面吃饭有一个好处，就是能将口舌之欢享受到位。当服务员捧着一只大煲到桌上，嘴里报出菜名

"蟹粉狮子头"，众人的目光一下被吸引了过去。盖子揭开，十多个圆圆的大家伙在里面躺着，每个大家伙的表面都黏附着一层橙色蟹黄，泛着丝丝红光。

来，来——主人伸手示意，我们一个同事立即伸过筷子，却是搛了几次都没搛出来。我连忙给他示范，拿起面前盘子里银晃晃的长柄汤匙托着，很轻易地就弄进了口。一口咬进去，那"狮子头"竟如豆腐般的嫩，但却有弹性，整个口腔里都充盈了香鲜。大家吃着，个个都说好、真好……太好吃了！

这大肉圆子同"狮子头"有何关联？我趁机请教身边的扬州同行。隔座一位副总编听到了我的发问，探过身来划动着手里的筷子对我说：不错，你们叫大肉圆子，我们扬州人直接叫成"大斩肉"。你看，它烹制成熟后，表面一层的肥肉末已大体融化或半融化，而瘦肉末则相对显得凸起，似乎给人一种毛糙之感，于是，富有幽默感的我们扬州人便称之为"狮子头"了。一斤这样的"大斩肉"里，要加进二两左右的蟹黄和纯蟹肉。从选料到刀功、火功等都是大有学问的，必须步步到位，才能保证蟹鲜肉香，柔嫩滑酥，肥而不腻，入口即化……旁边又有人插话，说大闸蟹五毛钱一斤的时代，到了季节，扬州人总要把嘴吃出了血才算罢休。孩子们吃蟹，大人在一边忙着拆蟹粉，挑蟹黄，留待做"狮子头"时派上用场。

说着话，大煲里的"狮子头"已全部告罄，连同配烧的笋片、菜心都给捞攘吃光，甚至漂浮着一层黄澄澄蟹油的原汁蟹肉汤都有人舀了喝，边喝边吧嗒着。我们无不感慨，大肉圆子吃过多少回，只有今天我们才领教了什么是正宗的"蟹粉狮子头"不愧是扬州的名菜哦！

那次从扬州回来，我们当中即有人写了文章在自家的报上刊出。其理由是，品鲜后无可言者，岂非美味之憾也？

我的妹妹一直在镇江工作，镇江与扬州只是一江之隔，许多扯不清户头的当地菜像大煮干丝和肴肉她都能做，最拿手的当是"狮子头"。春节在父母处，只要她回来了，大家便有"狮子头"吃。有好几回我在家中请客，正好她也过来了，就让她露上一手，做一锅"狮子头"。她选用的都是肥瘦对半的猪肋条肉，将肥肉、瘦肉斜切成细丝，然后再各切成细丁，继而分别粗斩成石榴米状，再混到一起斩匀，即所谓"细切粗斩"。接下来，加入剁细的姜葱及盐、糖、酱油、味精、料酒、胡椒面、鸡蛋、生粉各种调料，在钵中搅拌，直至"上劲"为止。

然后，就是搓成大肉圆子在油锅里煎，镇江那边的行话叫"煎成面子"。做"狮子头"，最关键的是不能散碎，哪怕裂了一点缝都不行。将大肉圆煎至金黄色时捞起，放入碟内，如果是蟹子应市的季节，就弄点蟹黄放在顶端，加酱油、料酒、上汤、姜、葱，隔水蒸约一小时。下一步，烧热油锅，下香菇和剖成十字刀纹的菜心略炒一下，将蒸好的圆子连汤带水一起倒入锅内同烧两三分钟，勾点芡粉，收浓汤汁即可。装碟时，先盛上菜心，"狮子头"逐个排放于上，再浇上浓汁。

我妹妹做得最多的是白"狮子头"，白"狮子头"比红"狮子头"要小得多。红"狮子头"是油煎过再红烧，白"狮子头"则是直接放汤里汆出来的。我们常说写散文要形散神不散，做白"狮子头"似乎比写文章的要求更高，形和神一样都不能散，因此更须凭借搅拌功力，要搅到"上劲"——就是拉筷子的黏度。白"狮子头"

还要讲究搓的技巧。我看妹妹每次搓时，都是先在肉馅盆前的一个碗里蘸点水在手心里，然后舀一勺肉馅放手心，手指并拢，手心呈窝形，用点巧劲两下一搓，就有一个光滑的肉圆出来了。放入砂锅的沸汤之中煮片刻，待汤再次沸腾后，改用微火焖约一小时就行了。白"狮子头"肥嫩异常，软腴堪比豆腐，汤尤肥鲜美润，食后齿颊留香。

事实上，还有一种更秀珍版的"狮子头"，既可红烧，亦可清蒸。做时，一样地把肉馅搅拌"上劲"，青菜心洗净过油，码入沙锅内，加肉汤烧开；拌好的肉在手心里挤成肉丸，码在菜心上，再点上蟹黄，上盖菜叶，微火焖一两个小时即成。也可以像大煮干丝那样，在汤里加火腿片、冬笋、木耳，特别是有一种水晶虾仁，比蟹肉更胜一筹，咬上去都能感受到虾仁肉在嘴里崩开，异常鲜嫩。

持螯更喜树阴凉

王毅萍

"持螯更喜桂阴凉,泼醋擂姜兴欲狂。"这诗,是红楼公子贾宝玉写吃螃蟹的。《红楼梦》中诗词颇多,这一首可说是雅俗共赏。如今,比吃螃蟹更尽兴的是吃龙虾,谁都知道,秋天里的螃蟹贵呀,在酒店里也好,在自家餐桌上也罢,慢条斯理地吃那么一匹两匹蟹子,细细地剔黄挑肉,哪里能谈得上"兴欲狂"呢?还没啧摸出味道就没了。于是,在夏日炎炎的时候,散坐树荫下,来上一盆两盆龙虾,吃得捋衣卷袖,吃得顺胳膊流油,脑海里居然就冒出宝玉的这两句诗来,只是需把"桂阴凉"改为"树阴凉",或者干脆"空调凉"了,那饕餮大吃的狂放意境倒是与宝玉一拍即合。

芜湖是江畔小城,吃过海里真正大龙虾的人估计不多。于是,这学名相当拗口的"克氏原螯虾"，就堂而皇之地被称为"小龙虾"了。尽管小龙虾出身谦卑，前生有生物杀手之说法，现世又有藏污纳垢之嫌疑，芜湖人却还是抵挡不住小龙虾美味的超级诱惑，每逢夏季，大吃特吃，价格也从5块、10块，一路飙升到20块、30块。也算这张牙舞爪的小龙虾倒霉，岂止芜湖，周边城市的人们，每逢龙虾上市之际，无不大快朵颐之，据说，在合肥在盱眙，竟然将小龙虾吃成了节日——龙虾美食文化节，可见其魅力不可抵挡。

其实，老芜湖人对于小龙虾更正宗的叫法是海虾，那时候的人下馆子的少，大多三五元一斤买活的回家，洗净，浓油重酱红烧了，无论是糖醋的还是麻辣的，都是夏季饭桌上色香味俱全的好菜，一会儿工夫，风卷残席，盘空碗净，只留下一大堆红红的虾壳。前些年，芜湖金马门夜市流行蒙古包大排档，那里有好几家都以做海虾出名，喝冰啤，吃海虾，成为芜湖夏季夜市一景。

这两年，合肥小龙虾有长驱直入之势，他们多在小区或路边摆摊，油渍麻花的红幡招牌下，一口烈火烹油的大铁锅，一个五味杂陈的卤水桶，食客要买，常需排队，吃的就是那滚烫新鲜劲儿。只见掌柜的将早已炸熟的虾再过一遍油，然后用漏勺浸入卤水桶里，捞上来，再舀上一点卤水，调和姜汁蒜末辣椒等作料，蘸着吃，那滋味真是一绝。龙虾外焦里嫩，麻辣鲜咸，雪白的虾肉还有点天然本真的清甜。说实话，比芜湖本土的红烧海虾，滋味还真是高了一筹。

奇奇怪怪的鸭脚包

李幼谦

　　皖南的鸭脚包是个怪物，只要走进干货店，在干辣椒、干豆子、干木耳等等中间，总会挂几串干焦焦黄褐褐的东西，一节一节的，上粗下细，两根手指那么粗的东西，似乎被裤子带缠了一圈又一圈，看不懂了，这是什么东西？当初我也不懂，店主告诉我是鸭脚包。问怎么吃，老板说："放在饭上蒸着吃。"那一定把饭也弄成咸咸的了，没买。

　　后来在茶楼喝茶，发现茶食中有它，点了几只煮熟的，颜色红了几分，原来是鸭肠子包裹的鸭爪子，咬了一口，"带子"松了，里面露出腌制的鸭脚板，上面的"掌心"里，居然包裹着一只细细长长的红辣椒与鸭心。可怜的鸭子，居然掏出自己的心脏奉献给人类，还不忘记附带送上调味品。

这东西真好吃，骨头骨脑的有嚼劲，咸香咸香的有卤味，虽是捆绑销售，但各有风味：缠绕的鸭肠子很有韧性，绵绵的咸中带甜；里面的鸭子心脏松而不酥，辣得有滋有味；鸭掌最考验人的咬劲，抓着爪子费力地一边咬一边还需要扯着嚼，样子真不好看，可是为了口福，体面不要也罢。

组成鸭脚包的是鸭子的边角料，产自皖南，情有可原。江南水乡产鸭子，卤鸭多，鸭肠也多，大多是剖开来，用盐揉洗干净，像扁裤带子一样胡乱堆在盘子里，专门有人买来下酒。我先生是水乡人，烟酒不沾，但爱吃鸭肠子，每次家中杀鸭，他都反复强调不能丢了。整理出来，煮着炒着，他总是下筷子一捞而尽，生怕人抢了去。我尝过，有点韧性有点绵，不见鲜美，不知好吃在哪里——他还当财气！

一次家里来了客人，来不及烧菜，就去卤菜店买熟食，鸡鸭鱼肉各样挑一点，见到粗如手电筒那么黄褐色的一节东西，遂让称了，价格比烧鸭还贵，不就是千张裹出来素鸡吗，一豆制品而已，果真"豆腐卖出肉价钱"了？

老板告诉道："这是卤鸭肠，十几只鸭的肠

子才能裹出这么大一截哩。"啊，反正是家人喜欢吃的东西，切成半圆就散成丝了，只能切成一个个的小圆饼，吃起来，比卤店的"白带子"还多几分卤鸭的味感。端到桌子上，他居然不伸筷子，我说："你不是喜欢吃鸭肠子吗？"他非要说那是素鸡，硬逼他吃了一块，他默认了，仍不像以前那样吃得赴汤蹈火。我想不通，难道鸭肠子的形式也能决定内容吗？

渐渐的，卖卤鸭的摊子上鸭肠子少见了，我说到哪里去了，原来都做鸭脚包去了。那玩意不是皖南人原创，那是会吃敢吃的广东人发明的，只是，他们的鸭脚包并不腌制，而是直接卤制而成。皖南不仅仅是拿来主义者，还发扬光大了。为了保存时间长，吃得更香，将安徽麻鸭的鸭掌取来，在鸭掌内包上一个鸭心与一只小辣椒，再用鸭肠子密密匝匝地缠上，然后放在有糖、盐、酱油和香料的卤水中腌制，腌好后取出来晾干，鸭脚包就加工完了。需要吃的时候，想吃咸点干点的就蒸出来，想吃淡点软点的就煮出来，咸香筋道，开胃下饭，喝茶佐酒，好吃不贵，真是佳品。

难怪，在外地的皖南人想吃这一口，每回要

买几百只，据说鸭脚包做得最好的地方已经是宣城的水阳了，连一些美食杂志的编辑或者作者也赞不绝口。

谁说形式不决定内容？同等的肉、面及配料等，煮一锅糊涂怎么也不好吃，用来包饺子就大不一样了。鸭肠子这些"下水"烧出来、散卤出来、缠绕卤出来、做成鸭脚包腌制出来，味道步步升级，都是因为加工精细度步步升级在先。"食不厌精、脍不厌细"，老祖宗的话还真有道理。

小
吃
奇

观前街的美食

王玉洁

醒来时，苏州已经是次第灯火，可不能浪费这个身在江南腹地的美好晚上，打开旅游地图，找到了离所住酒店最近的步行商业街——观前街。和各地所有的步行街一样，那里热闹非凡，据说，服装都是国际一线流行款，可惜，俺只能饱饱眼福啦，苏州自古是丝绸之乡，丝绸可不能错过。进了几家丝绸专营店，丝巾、睡袍、旗袍、潮裙，还有成匹的绸布，价格自是不菲，但花式、样式、手感和品种，确实天下一流。犒赏了一下自己，买了一条月白和明黄配搭的丝巾。肚子已经在抗议，赶紧去找吃的。街边许多小吃门脸，到任何一个陌生的城市，我都不喜欢去吃餐馆，天下的餐馆都如出一辙，除了口味有差异，菜肴也都大同小异。我喜欢那些深埋在小街小巷小门脸里的小吃，真正的美食往往潜伏在那里。

果然，油炸臭豆腐，这是绍兴的特产，不是苏州的，关键是配料是苏州的辣椒，微微的辣麻麻的香，还有随随便便的芝麻蒜泥和红红的辣油，往臭豆腐上一浇，入口香、辣、麻、臭、鲜，一口气便吃掉两大盒，还觉意犹未尽，但不能贪吃，好东西要留有盼头才好。

然后，看到微微冒着热气的糕，问问，那是苏州的特产，梅花糕、海棠糕，师傅说，海棠糕要趁热吃。这海棠糕形似海棠花，表面撒有饴糖，呈咖啡色，加上了果丝、瓜仁、芝麻等点缀，仿佛海棠花儿初初绽放，小心地咬一口，甜、糯、软、香，在家的时候，也喜欢吃糯米食，但这绝不是我们这些伪江南人所能做出的糯，因为那糯里，似有无限的温软和香醇。

最后，在苏州"好人民间小吃"馆，找了个座，临窗，可以俯瞰整个街景；坐在那里，还没吃，便先有了几分醉，木制的桌椅皆小巧别致，座与座之间，有梅花形的木制花窗隔开，恍入画中。点了喜爱的酸辣粉条，我算是见识了什么叫精细。当初在扬州吃鳝丝的时候，就知道，天下美食该算苏杭和扬州最是精致，今天又深味一番。

　　那粉条不仅仅是筋道，还糯软，酸辣的味道于别地稍浓些，但绝对的醇正，里面的配料那真叫讲究，花生的个头一样的大小，肉末细碎而毫不粘连，感觉肉末无处不在，却又难觅难寻，蒜泥有味无迹，香菜末是绝好的点缀。

　　坐在花窗下，细品这香辣酸软的粉，似乎感觉远处有若有若无的苏州评弹声传来，娇音腻哝，丝弦清越，不知今夕何夕。

徽 州 馃

王毅萍

　　暑湿难消，口味淡薄，只想喝一碗稀薄的绿豆稀饭，如果再配几张陈老四的烤饼，那就更美了。

　　陈老四烤饼在绿影小区附近的福禄商城，好吃的人都知道，那里有一个小吃摊点群，环境虽然有点拥挤杂乱，但有几样小吃的口味却是全市出名的，烤里脊肉、小桥麻辣烫、铁板鱿鱼、龟苓膏……陈老四烤饼也算小吃中的一绝，烤饼炉子边，总是围着一圈等着买饼的人。也许，正是因为焦急等待的微妙心理，再加上现做现吃的绝妙口感，这饼子越发畅销了。陈老四烤饼的制作方式在芜湖也算是独一份，颇有点特色：几个小火炉一圈排开，做饼子的师傅将揉好的发面揪一小团，按买者的要求包入各色饼馅，有鲜肉、白菜粉丝、雪菜肉丝、豆沙、芝麻白糖各种口味的，坐在炉前的小姑娘打开刻着"双喜"字样的长柄饼模，师傅抬手把饼子甩入饼模，饼模依次在几个炉子里"走"一圈后，饼子就熟了，不焦不糊，火候恰好。这饼吃起来皮薄馅多，口感软韧。

吃着陈老四烤饼，不由想起老家的另一种饼——徽州馃。所不同的是，徽州馃冷了更好吃，而且经放。当年徽商出山，沿江而下，行李中都有几摞饼子，一路充饥，所以这徽州馃也叫"盘缠馃"。徽州人出门临行前，还要留下两个"记家馃"，在家的人，远行的客，吃一种馃，念两处风情，万重烟水。这古老又朴实的情意让人低回不已。那一年，从绩溪回芜湖，姑姑在旅行包里给我放了一摞馃，用洁净的白布裹着。姑姑用山泉和面，包上干菜馅，做成厚薄均匀的馃，放在平底铁锅中，馃上面放一块圆形青石头，用木炭文火慢慢烘烤……

徽州馃的烤制颇有古代遗风。古人认为谷物不宜于火上直接烧烤，所以就发明了"石上燔谷"之法。这种方法一直为后人所沿用，唐朝有"石鏊饼"，明清有"天然饼"。这种烙制食品的方法传热均匀，既不易焦煳又能熟透，吃起来韧香可口，所以稍加改进后在山村沿袭至今。在老家，我还听姑姑说过一个有关徽州馃的传说。相传乾隆南巡来到徽州府，见一老翁馃摊的平底锅内有石头压在一个个馃上，很是好奇，买了一个吃后连声赞赏。老翁听见叫好声，便双手捧起一个香椿嫩头馅的馃，送给乾隆，乾隆吃后非常高兴，送给老翁一枚小印"乾隆御制"，从此，老翁的馃摊生意在徽州府独占鳌头，徽州馃也随之身价百倍了。

父亲离家多年，对家乡的馃也是念念不忘，兴致好时，便会动手和面做给大家吃。父亲的手艺和姑姑不能比，做出的馃皮厚，但仗着馅好，又是全部用油煎出来的，焦黄脆香，居然独创出另一种风格的徽州馃来。父亲做的饼馅一种是新鲜豇豆猪肉馅，吃起来清脆爽口，有乡野之风，另一种是干香椿头肉馅的，醇香可口，回味绵长。这样的改良馃，虽然滋味不差，但多少沾染了城市的气息，与家乡原汁原味的馃不可同日而语，只能聊慰游子的思乡之情。

虽然，家乡并不遥远，但山上的老屋已经空无一人了。

董　糖

唐玉霞

　　董糖是让人觉得暖和的食物。味蕾上沙沙的
有一点粗糙，心里温温的有一点甜，我非常怀念
的感觉。

　　我的小小的女儿，用胡萝卜一样的小手指捏
住一块，放进嘴巴，粉屑吃了一脸一脖子，然后
伸出小红舌头把嘴巴周围舔一舔。她舔的时候用
手扳过我的脸，要我不错眼珠地看着她，以显示
她的本事很大，可以将嘴巴周围舔干净。这样的
把戏玩两次，那包拆开的董糖她再不看一眼。拆
了包的董糖吸收空气中的水分，很快就潮湿硬
结。不拆包也存不下，这是个应景的东西，与人
情上有时令性。

　　但董糖是我们小时候的所爱，用不着久存，
没有什么吃的啊。过年的时候，带包董糖给长辈
拜年，香案或八仙桌上撂得东一包西一包。它们

没有名字，所以从东家流窜到西家。现在乡下还有这个习惯，所以每年我们能收到几包董糖。它们从冬天熬到春天。被遗忘是令人愤怒的，即使一包糖，也有自尊，某一天某个角落被发现时，它们已同仇敌忾地粘连成可以砍人的砖头。

我一直以为董糖是冬糖，冬天吃的糖。冷的日子，人对甜蜜感的需求特别迫切，在冬天吃董糖可不是件正当其时的美事。后来看一个朋友的文字，才知道正确的写法是董糖，是当年秦淮河边的美女董小宛嫁给冒辟疆后，为了伺候好冒辟疆，专门研制出的食品之一。难怪一枚枚董糖雅意徘徊如印章。董小宛是个风雅的女子，但是再风雅，女人所能取悦男人的手段依然原始，给他吃好喝好。不知道这招在多大程度上管用。对这个男人董小宛呕心沥血，她死得很早，27岁，倒是冒辟疆活到了70多。人老了嗜甜，没有了小宛，董糖还是可以继续吃下去。

这样说来，董糖应是南京的东西了。反正都是江南，一床被子盖了。芜湖的董糖有点变异。有人叫豆糖，主料是黄豆粉，虽然也是一小块一小块的，但纯粹是模子压制成单薄的方形，拈起来立刻魂飞魄散，没一点筋骨。我家乡的董糖内瓢有韧劲得多,薄薄的灰白色长条,绕成有棱有角的正方形,敷着粉末,情状像中学时老师说散文的形散神不散。吃的时候我们喜欢把长条拉开,仰着头一截截吃。然后将包装纸对折再一仰脖,剩下的粉末全送进嘴里。送得不好会落到眼睛里,若是呛进气管,那就要咳嗽好一阵子。我们常常被一包甜得发齁的董糖咳得眼泪汪汪。

那个写董糖的朋友后来去外地谋生,不写这样的小文章了。可是我还是觉得他这样的小文章有意思。就像我觉得一枚小小的董糖比一桌子所谓的西式甜点,比一段所谓烈火烹油的日子有意思。腊月,乡下小店,或者货郎挑的箩筐里,包在玫红色纸里的董糖芳龄莫测,随意印染的黑色花纹模糊伧俗,是喜滋滋的伧俗。没有了董小宛,没有了冒辟疆,董糖只有一路低迷下去。低迷下去是好的,人间的烟火才是真切。

暮春的夜,一层一层吃着一包旧岁的董糖,一点一点地回忆青春岁月。时间将白的稀释成透明,将黑的沉淀到水底。那些透明不了也沉淀不下去的东西,就像董糖一样窸窸窣窣,不能碰,一碰就四处飘散不可收拾。我的甜蜜的混沌的粗糙的青春。

七宝汤圆

唐玉霞

一天的世博下来，第二天早晨睡到自然醒。

自然醒也才七点钟。闭目养神，宾馆的早餐八点结束，打定主意留着肚子去七宝。就是七宝古镇，小吃一条街。

也不是说对七宝有多少恋恋不舍，不过是喜欢沿着记忆的乡间小路温习流年碎影。文字组合有点文艺女青年，习惯了，懒得去探究新的表达方式，时代往前走，我就是追也不见得有我的事。

我是懒。车到七宝，沿着狭窄的古色古香的街道漫步，所谓古色古香的建筑亭台楼阁翘角飞檐朱楼，对于习惯了徽派白墙黛瓦简约清淡风格的我而言，其实是有点艳有点繁复。但是那是另外一种风格，也是一种美。

只是我还不习惯，所以不喜欢。

肚子咕咕抗议。街道两边小吃林立，在燥热的上午十点，满街流动的人个个已经开始冒出油汗，居然还有胃口对付油腻的烧烤，甜腻的打糕，当然，粽子是不可少的，嘉兴粽子还有塘桥粽子、海棠糕、白切羊肉等等。还有一个个红艳的猪蹄髈，垒在面前，太阳穿过狭窄的街道斜斜落下，为它们镀上一层油光可鉴的金色。叫花鸡包在荷叶里，我对叫花鸡很有兴趣，我很想知道那包裹在荷叶泥巴里面的到底是什么？和俏黄蓉叫花鸡的距离是不是我和这个时代的距离。

奔了一家汤圆店。三年前的国庆节，带着孩子来上海，朋友一家盛情招待，花样翻新地安排了几天的行程饮食，曾经到七宝吃过这家的汤圆。那天我们在楼上坐享，今天自己动手。这里的汤圆是先交钱买票，小票上只有几只汤圆。然后将票交给站在一个个大锅前面的师傅，你说要什么馅的，他给你舀什么馅的。卖票的女人坐在小小的格子间里，身后挂着水牌，上面列着汤圆的名字，枣泥、豆沙、芝麻、花生、菜肉、鲜肉等等，种类不算很多，都是一块五一只。三年前就是这个价。

要了四只汤圆。分别是豆沙、枣泥、芝麻和

菜肉的。不要以为我很秀气，早饭没吃就吃四个汤圆。这里的汤圆可不是芜湖饭店里提供的或者超市里咱们过节经常购买的那种鹌鹑蛋一样大小，有多大？鸡蛋大，一定要是洋鸡蛋才可以拿来比一下。它们在锅里上下翻滚，升起的白雾里，个个兴高采烈，像一群群快活的小白猪。

非常烫，我喜欢吃热的东西。这里的汤圆好就好在不是非常甜。油很重，很香。热量当然很高。可是一个人要是吃东西的时候老想着热量，快乐是会大打折扣的。所以我打定主意先吃再说。

四个汤圆吃罢，已经大汗淋漓，烫的。抬头打量，虽然楼上楼下，但是店面门脸很小，几口大钢精锅就在门口，煮汤圆毕竟不是烧菜，其实是很干净的，没有油烟。一个女人从楼上下来，找卖票的女人要筷子。当然没有筷子，吃汤圆用不着筷子。

汤圆是不是很好吃？这个就很难讲了。我也不觉得有多好，但是记忆的味道混在了汤圆里。你知道，每个人有每个人的记忆，阿甘的娘说，生活就像盒巧克力，你不知道是什么馅的。我知道我买的是什么馅的，吃的是什么馅的，也许有舀错的可能，我可以选择要求换一个或者吃了算了。但是，我不能选择记忆，一如我不能改写我的过去。其实人人都像是生活这锅沸水里的汤圆，各怀各的心思而已。但是，人生过半，世事看穿。煮熟了，什么样的心思也是白费心思。

吃饱汤圆，挺胸凸肚地站在七宝的桥头，市声如潮，清明上河图演绎的景致也不过这样的人生百态吧。那一瞬间，简直有一种悠然世味浑如水的叹息和浑水摸鱼的快乐。吃饱了撑的人，可不就是容易莫名其妙的惆怅和满足。

绿豆糕的格律美

王毅萍

菖蒲尚嫩，槐荫未浓。离端午还有一个多月，市面上的绿豆糕就早早出来应市了。这绿豆糕是江南应节的传统点心，不知道其他地方可有此种食俗？江南多绿豆，据做糕点的老师傅讲，绿豆煮熟后，经过晒干、去皮、磨粉几道工序，再加入白糖、麻油入模成型。绿豆具有清热解毒的功效，人们端午节吃绿豆糕除了一饱口福外，是不是还包含了一种期盼健康的愿望？

虽然现在市集上的绿豆糕绿得颇有点可疑，有上了色素的嫌疑，但还是忍不住想买。家门口有家蛋糕房的绿豆糕做得好，一方方刻着吉祥的花纹字样，盛在精美的粉嫩纸盒里，不由让人想起《红楼梦》里，宝玉巴巴想吃的那种银模倒出来的小莲蓬、小荷叶汤。买回一盒绿豆糕，给自己泡一杯谷雨前的新茶，拈一块绿豆糕放嘴里，糯、沙、甜……吃两块就足够了，但还是喜欢。想想看，每逢农历五月五，家家户户都遵循千百年来流传下来的食俗，让人心生一种感动，吃绿豆糕仿佛就像一种仪式，承载了岁月流动的韵律美。散文家车前子对于国人"不时不食"的习俗，有种很妙的比喻，他说，八月十五吃月饼，就是首格律严谨的格律诗，若是每月十五吃月饼，那就成了顺口溜了。人们对绿豆糕、粽子的"不时不食"也如同此理。饮食的节令性就像古诗词，它的格律美让人着迷。

与绿豆糕同时应市的还有橘红糕、蜜粘糕。我不知道"蜜粘糕"是不是这样的写法，那是一种形状和颜色都如猪板油的糯米糕点，有的夹着豆沙，也有"寡"的，细腻、柔润、甜糯，买回家，切成小块吃。还有一种糕点叫橘红糕，有小手指肚大小，上面撒满了白色的粉末。车前子形容说，仿佛面粉渍进乳白的质地里，给橘红糕添了茫茫的雾气。美不美？只是现在市面上卖的橘红糕，内芯揉得已经不是粉色的橘红了，有点点芝麻黑，查了一下资料，橘红是一种化痰止咳的中药。问卖橘红糕的老板，她也答不出所以然，说，橘红糕就是切碎的蜜粘糕……这些糯米做的糕点都是看了想买，吃了就腻，不吃就想的，难不成未离家就有了乡愁？

江南有"端午三友"之说，古人们以菖蒲作宝剑，以艾作鞭子，以蒜头作锤子，驱虫杀菌，斩妖除魔。想像丰富、诗意盎然。在江南，端午还要食"五黄"——黄鳝、黄鱼、黄瓜、咸蛋黄及雄黄酒，其用意大抵与养生驱邪有关。

"包中香黍分边角，彩丝剪就交绒索。"端午节的其他吃食说到底还是配角，粽子，才是大江南北共吟的诗。不由想起小时候吃粽子的情形，解开暗绿色的粽叶，糯米黏黏地、紧紧地裹在一起，像块璞玉，蘸上白砂糖，细细咬一口，叶的清香、米的丰腴、糖的甜蜜，蔓延而开，那滋味非奔忙劳碌的现代人所能领略的了。

抹茶心情

王毅萍

与抹茶的第一次邂逅，我对于它的态度是茫然而轻慢的，那样一种嫩嫩的绿色，薄薄地敷在小巧的月饼上，不是色素是什么呢？色素就像庸脂俗粉，漂亮，但没有内涵，经不起推敲。然而，轻咬一口，一种天然的清苦和芳香在舌蕾次第绽开，有点像茶？再看一下月饼的名字：抹茶月饼，原来真的是用茶做的，准确地说是茶粉。我对有这样诗意的点心师充满了敬意：食物一旦与绿茶结缘，立即就像深山的清泉、幽谷的鸟鸣，远离了日常烟火味。

"有一种树叶叫茶……"读到这样的句子，很惊喜，仿佛嚼着一枚千年的橄榄，余味无穷。浅显明了的文字表述，对茶的情意欲说还休。

家乡徽州产茶，没有什么响亮的名头，普通的炒青而已，市场卖不上价。姑姑把亲手采摘炒制的茶叶挑好的寄来，我尝不出茶叶的好坏来，喝一口，只知道苦与涩，从此敬而远之。我与茶，就这样错过了几十年。直至现在，我才开始依赖这种树叶，每天早上必须酽酽地喝上一杯热茶才舒坦。只是，此时的茶，如它在茶叶筒里呈现给我们的那样，干枯蜷缩，庸常的已经快要让我们忘了它来自清新的山野，忘记了它们曾经是一片片嫩绿的树叶。茶，牛奶，可乐，都不过是现代人对饮料的一种选择罢了。

　　曾经与女友们一起到茶餐厅喝茶，茶餐厅的包厢是西式的，与周作人笔下"瓦屋纸窗、清泉绿茶"的茶境甚远。几人相向而坐，倒是暗合了"二三人共饮，得半日之闲，可抵十年尘梦"的理想。点了一壶铁观音，那么小巧的一套紫砂茶具，像孩子的玩具。铁观音在茶壶里被泡成了大片大片的茶叶，多得倒不出茶汁。女友说，细品这铁观音，能咂摸出花的香味，不谙茶道的我在领受了浓重的苦涩之后，竟真的品出了白兰花的清香。有点奇妙，不是吗？在茶具、水、舌头的合作之下，茶叶成功地表演了一次奇妙的魔术。有点像生活的滋味，只要你肯用心去品，苦涩之后也许是丝丝的甘甜。

抹茶，是茶叶的又一种魔幻之旅，把茶粉撒到蛋糕、月饼、冰淇淋上，或者冲成茶水，这就是抹茶的吃法了，即快捷又时尚。只是，抹茶不是现代人的发明，也不是起源日本的茶道。将抹茶应用于甜品，只是现代人的活用而已。古人更喜欢将抹茶放进瓷碗后，冲入开水，再用茶刷打成茶汤。在魏晋时期的文献中，就有"沫沉华浮，晔若春敷"的记载。细细想，这八个字，就仿佛一杯茶的静物画，浓缩了一杯抹茶的精髓与色相。曾经在一本书里看过古代碾茶的工具，拙朴实用。谷雨前的嫩茶，经过烘烤多道工序后人磨细碾，就成了抹茶。不知道是不是因为过于繁琐，明代之后，逐渐失传。

我有些好奇，一杯抹茶会是什么滋味？就像想像不出《红楼梦》里李纨冲的茶面是什么滋味一样。据说，茶道的意思就是——忙中偷闲，苦中作乐。那么，泡茶也好，抹茶也罢，就像知堂老人说的："喝茶之后，再去继续各人的胜业，无论为名为利，都无不可。"有了这一抹绿茶的心情打底，在这繁杂喧闹的尘世中，顿如绿荫满地，神清气爽。

大煮干丝的阔绰风范

谈正衡

在一些老字号店里吃早点，小笼包、烧卖、煎饺之外，总是少不了再叫上一碗煮干丝。街头小摊子上或是那种夫妻档的小吃店堂里，煮干丝则被装在一个小半人深的白铁桶里，有顾客要，掀开桶盖，拿长柄勺子搅一搅，手腕一翻，连带汤水舀起，正好是满满的一青花碗。煮干丝是一道特色小吃，配以熟虾仁、火腿丝、黑木耳等，色彩鲜艳，干丝绵软，配菜香嫩，味道清而不素，鲜而不过。顾客吃完喝完，满意地擦擦嘴，喊一声："老板，给你钱！"将两枚一元的硬币拍在桌上，抬腿走人。

记得我小时候吃得较多的是一种卤干丝，卤干丝是先经油炸过再在卤水里煮出来的。在家乡的小镇上随着大人吃早茶，大人一壶绿茶，一碟卤汁干丝，再来一大盘热腾腾的烧卖，又吃又聊……常见邻座有个清瘦的老茶客，干脆就是一壶香茗、一客带辣味的卤干丝，别的什么也不要，筷子尖上挑三两根干丝纳入口中，细嚼慢饮，气定神闲，优游自在，小小的茶盅托在手心里……眼见是渐入"皮包水"之佳境了。此等逍遥，差不多令神仙也羡杀，足见干丝的诱人魅力了。

好多年前，位于二街的古色古香的耿福兴店还在时，我的一个当时在干道砂制品厂上班的堂叔领我走进去，踩着木楼梯上到二楼，坐在那里充过一回阔佬。那才是真正的鸡汤煮干丝，又叫大煮干丝，因为里面有鸡丝，有火腿丝，并配以鸡胗、鲜虾仁。干丝细长清爽，刀工极为了得，几乎找不到有断头的，汤汁清黄，鲜味浓重，特别是点缀其间的细葱，娇嫩翠绿，色彩和谐，其风味之美，让我历久难忘。我记得堂叔在服务台上买的是特价的，为当时的最高价格，一元二角钱一碗，要知道我那年刚进医院当学徒工，月工资才只有十八元。

现今的煮干丝，大街小巷满处都是，只是与记忆中的大相径庭，味道先不论，只说那刀工，满目支离破碎，断头缺尾，入口也多是淡而无味。这也难怪，现在还有多少店主会在煮干丝里放进那种高质量的火腿丝和鲜虾仁哩？因此我便越发怀念从前二街老字号耿福兴的大煮干丝了。

所谓大煮干丝，就是要用去了油的鸡汤煮，汤要多，火要大，故曰"大煮"。以干丝、鸡丝为主，外加鲜虾仁，缀以各种配料，一直煮到浓香扑鼻，火腿和虾仁的鲜味渗入到极细的洁白干丝中，丝丝入扣。但却不见一滴油花，没有一毫豆腥，乃是典型的江南人脍不厌细的代表作。

假使你果真一心要追踪大煮干丝的流风遗韵，街头上遍寻不着，倒不妨于家厨中一试身手。

在菜场的豆腐摊子上挑选优质白坯干子——有弹性，有韧劲，抓在手里对折不断不裂的，先将干子薄薄地片出来，码在一起切成极细的丝，要一刀贴着一刀地切。刀功好的人，切起来头头是道，一气呵成，没有一点拖泥带水；三四块干子，就能切出一大堆火柴梗一般的细丝，足可以煮出满满一大碗。家庭厨房里当然很难有如此刀功，如果切出来的细丝粘在一起，可浸入水中使其分开。然后放入锅中，加少许盐，用开水浸烫，除去豆腥味，捞出沥干水。火腿丝用温水泡软后加入料酒，隔水蒸透；鲜虾去壳去虾线，入开水锅烫熟捞出备用；锅内加入高汤——有鸡汤当然更好，将干丝下锅，大火烧开后加盐、鸡精调味，改小火煮 15 分钟，起锅前放入香葱末；将干丝倒入碗中，撒上鲜虾仁；姜丝入油锅炸成金黄色，置于干丝上即成。

有的菜谱中特别强调，大煮干丝不仅要用鲜虾仁，还要用开洋。开洋是将海虾煮熟后，再晒干，去壳制成的。好的开洋，色红而亮，干燥又有弹性。开洋有两种用法，如果追求口感的话，应该将开洋扯成丝；而要是想追求看相，就将开洋原只使用。除大煮干丝外，还有一种烫干丝，是将干丝用沸水多次浸泡后，挤干装盘，浇以熬熟的豉油和麻油，撒上开洋、嫩姜丝就成了，也非常爽口。

我妹妹二十多年前就去了镇江，她的大煮干丝那是正宗淮扬级的专业水准。春节回家给父母做菜，我专心一意记下了她的步骤：方干批薄片切细丝，滚水里浸烫，沥干后再烫，再沥干。热锅舀入熟猪油，虾仁炒至乳白，倒入碗中。锅中舀入鸡汤，放进干丝，再将鸡丝、肫、肝、笋放入锅内一边，加虾子、熟猪油，旺火烧一刻钟，视汤浓厚时放盐；加盖再煮五分钟，离火，将干丝装入盘中，肫、肝、笋、菠菜分置干丝四周，上放火腿丝，撒上虾仁便大功告成。这样的大煮干丝，有一种清澈明智的调子，看上去安详而又自足。

去年仲秋的一个早晨，在南京，朋友陪着我来到夫子庙边。我们在古雅的景致中浸润着，汲汲于一场味蕾的盛会。什锦菜包、蟹壳黄烧饼、鲜肉小馄饨、蜜汁桂花藕，一一品尝过，秦淮河的大煮干丝便端上来了。清醇的鸡汤跃然眼前，噘口吹去，波澜不兴，自有一种超然的风华，仿佛软红轻尘里的过往岁月，俨然映现了一个鼎盛时代的六朝古都……雪白的干丝隐伏其间，丝丝缕缕尽显细腻温婉。经过精心炖煮的干丝，吸纳了虾仁、竹笋、鸡丝、木耳、香菇等多种美味，众多的芳魂全都附着其上，嗅之宜人，啜之则满口柔情，回味绵长，鲜而不腻，淡雅而不落单调……舌头上的每一个细胞都尽享来自于这大煮干丝的美好感觉。不知不觉一碗罄尽，放下汤勺，抿一抿嘴，齿间的余香犹在。

鸭血与它的粉丝们

李幼谦

尽管鸭血粉丝汤的故乡在镇江还是南京，至今还在争论，但全国人民已经形成共识，说它是南京的一种风味小吃，无人怀疑。

"镇江源头"有诗为证，晚清《申报》第一任主编蒋芷湘题诗称赞："镇江梅翁善饮食，紫砂万两煮银丝。玉带千条绕翠落，汤白中秋月见媲。布衣书生饕餮客，浮生为食不为诗。欲赞茗翁神仙手，春江水暖鸭鲜知。"这是关于鸭血粉丝汤最早的有文可查的记载。

"南京源头"的论据为"金陵鸭血粉丝汤"声名显赫，主料坚持用鸭血，全国皆知。而且镇江的主料是鹅血，名不副实，现在也如此。因此，真正的"鸭血粉丝汤"应该是源自南京的。

来到江南，不能不与鸭子打交道，因为南京板鸭就是当地特产。一般生病养病需要滋补的人，都要炖老鸭汤。我在几次手术后疗伤，躺在床上，胃口不好，筒子骨汤太油腻，老母鸡汤太昂贵，母亲就天天给我鸭汤喝。她一起床就去买鸭子，买来杀了拔毛洗干净，要忙一个早上的时间，砍成块子，放进砂钵子里煮开，丢几块生姜，关了炉门，用小火，慢慢煨着，香味越来越浓，饥肠辘辘之时，母亲就下班了，用老鸭汤下面条或者是泡锅巴，很快能让我大快朵颐，手术后的身体恢复得极快。

带着川人的习惯，鸭血一般不吃，杀鸭子的时候就倒掉了。以后皖江一带风靡烤鸭，鸭血开始有了用场。都是卖卤鸭的卖血旺，那一般是煮鸭子的汤，放上辣椒大料，一大锅油乎乎的、红亮亮的汤里，鸭血块块沉浮着，一两块钱可以连汤带水带鸭血一大洋瓷缸，拿回家煮豆腐油盐都不用放。中午吃了以后，晚上还可以用汤下面条，没有一次想起来下粉丝的。

读大学的时候，经济已经自主，下午下课后，就要去街上找点小吃。开始只是吃点面条馄饨什么的。一天放学晚，天气又冷，汽车半天没来，饥寒交迫实在难受，先找点东西吃吧。走过一家挂着"南京鸭血粉丝汤"牌子的小店，当门一口大铁锅，锅里是满当当的白水，一个男人问我吃不吃鸭血粉丝汤，我点头了。他右手拿着漏勺，扯起一边大盆里泡着的粉丝，放在勺子里，在热汤中烫了一下，倒入碗中，再从一排碗中取出一些鸭子杂碎，舀了一勺鸭血块煮的汤，连同粉丝端给我。这就是鸭血粉丝汤？带着氤氲的热气，散发着鸭汤的香气，雪白的汤里有绿色的葱花，有紫色的鸭血，还有灰白的鸭杂，鲜香却不浓烈，清淡而有滋味，美味和热量让我在回家的路上回味无穷。

以后就认识了鸭血粉丝汤，无论它的祖籍是南京还是镇江，反正都产自江东，拥有的千万粉丝也多是江南一带食客。原料也多为水乡之鸭下水：先是将老鸭与天然香料一起炖，鸭汤鲜香浓郁时，将鸭血切成薄薄的小方块投入，再加上煮熟的鸭肫、鸭肝、鸭肠小片，温水烫软的粉丝一起放进碗里，加上清淡的作料，就是一碗美味。

鸭血粉丝上面多有一撮香菜，葱绿葱绿的，鸭血像一块块紫玉，紫红紫红的，粉丝纠缠其间，雪白雪白的，还有象牙白的鸭绵揪揪的，玛瑙红的鸭肫软糯糯的，肉灰色的鸭肝面嘟嘟的，菜的清香和汤汁的浓鲜充分调和，喝一口汤汁，吸一口粉丝，咬一块鸭血，粉丝润滑，鸭血鲜嫩，口味鲜香清淡，好吃不贵，价廉物美，这就是江东味道。

重阳百事"糕"

王毅萍

 据说，重阳要吃糕。重阳糕什么模样，什么滋味，没见过，也没吃过。只在吴自牧的《梦粱录》读过：以糖面蒸糕，糕上嵌猪肉丝、羊肉丝、鸭肉丁。不由乱想，这又甜又咸的会好吃吗？记不得在哪本书上看过，古人会在重阳那天，把花糕切成薄片，贴到小儿女的额上，口中念念有词，祝愿子女百事俱高。还有人会在糕上插小彩旗，寓意已经登高望远。非常诗意，既有意趣，又有想像力。一年三百六十五天，因为有了这些与众不同的节日，也因为有了这些郑重其事的约定，日子，仿佛过得更有韵味。

 重阳，也就是在近年才又成为节日——敬老节，重阳糕更是失踪了许多年，找回来的也面目全非。所以，有人就说，凡是在重阳节吃的糕都算重阳糕。散文家车前子曾经用糕名为题——

《橘红糕海棠糕脂油糕黄糕松糕桂花白糖条糕薄荷糕蜂糕定胜糕糖年糕水磨年糕扁豆糕》，题名之长，让人叹为观止。糕的品种之多，也见车前子"南糕北饼"的结论不罔。车前子的家乡在苏州，和芜湖一样是江南鱼米之乡，两地的许多食俗极为相似。

芜湖人吃糕，以方片糕最为家常。这方片糕倒是没被车前子列入题名，没列入的还有不少，比如绿豆糕、玉带糕、梅花糕等等。记得小时候，方片糕只在过年才有得吃，以泾县产的最佳。白纸印着双喜字的长纸包，拆开，撕一片，对着光照，像白纸一样薄，像雪花一样细，软软的，绵绵的，甜甜的，入口即化。现在，很少能吃到这么细软的方片糕了，也不知道是人们的味觉变得细腻了，还是方片糕本身变得粗粝了，或者，二者兼而有之。现在的芜湖人，迎娶送嫁、乔迁租房，都还讲究送条方片糕，取其谐音"高"来"高"去。

比方片糕略讲究些的是玉带糕，糕面上嵌着些松子仁、核桃仁、青梅片，中间镶着黑芝麻粉做的边，像是人系着腰带。古人都是诗人，懂得意象，所以这糕才叫玉带糕的吧？梅花糕，也是

"题"上无名，也许是苏州没有。芜湖花园街、福禄商城都有得卖。简易粗糙的煤炭炉，手工制作的做糕工具，将和好的面糊倒进模具里，再加入红豆沙，入炉烘烤，出炉后，糕成梅花形，皮薄香脆，滚烫的豆沙又甜又糯……还有甄子糕，纯白细米粉，填入酒杯状的木头器皿里，撒白糖、黑芝麻粉，刮平，放在炉子上的一个蒸气口上蒸熟，用一根圆圆的铁针一顶，一个小酒杯状的甄子糕就好了，喧腾热香，最宜老人和小孩。

中国人喜欢说：人往高处走，水往低处流。老百姓对糕里注入的这点点心思，朴素又绵长。

浓情白米饭

唐玉霞

　　如果有人请吃"饭"或者你请别人吃
"饭"，其实是打着米饭的幌子干别的勾当。那餐
可能消费了很多的酒很多的菜很多的钱，米饭却
是最暧昧的配角，出不出席都不一定。看看酒足
菜饱，主人问，来点什么主食？潜台词是，今天
差不多了，各位。总有人低调，要碗米饭，不敢
张扬，怕主人疑心菜的质量不好或分量不够，常
常是没划拉几口，已经有人退场，一番混乱中，
那半碗饭早被忘记。

　　几千年的饮食主角就这样沦落得可有可无。
像糟糠之妻的下场，只差没有下堂。

　　垃圾箱里白花花的倒饭简直司空见惯，真是
造孽。我最见不得人这么糟蹋粮食。虽然没有经
过饥馑年代的煎熬，虽然没有面朝黄土背朝天的
辛劳，却是懂得粒粒皆辛苦，知道一粥一饭当思

来之不易，是别人辛苦种出，也是自己辛苦挣得，浪费了是对他人和自己劳动的鄙夷，也是对造物恩惠的蔑视。劳动人民出身，对于米饭，我怀着最朴素真挚的感情：无论是八千岁粮仓里给苦工吃的头糙，还是贾宝玉在怡红院就着虾丸鸡皮汤泡的半碗绿畦香稻粳米饭。有饭吃，能够吃饭，是最基本的幸福。值得感恩。

承认饭量越来越小，这是个普遍现象。即使长了个"农民胃"没见米饭就觉得少吃一餐似的不安稳，却是眼饥肚中饱。到了夏天，更是胃口尽废。想起小时候夏天傍晚，几个小家伙从檐下的笪箕里舀碗冷饭，茶水一泡，就着几根酱菜瓜，挥汗如雨中呼噜噜一人两大碗，真是刀子一样的胃口；现在，胃还在，刀子是钝了。我妈一煮饭就抱怨，说这哪是挣钱养家的汉子肚量，跟喂群鸽子似的。忽然就有了少年子弟江湖老的怅惘。

才明白年轻的时候读到的那句诗，老的时候，把你的影子腌起来，风干，下酒。想想也就下酒了，还能浅酌几杯，要是下饭，尽是食不下咽的酸楚。所以一切有着好胃口，甚至白饭也直滚的人是有福的。用不着聒噪米饭里面淀粉多，会转化成脂肪囤积在体内。活着不仅仅为了吃饭，可是活着对吃饭的兴趣越来越淡泊，还活个什么劲呢？饮食男女，是生存的重要乐趣。一日混三餐，三餐肚儿圆，农耕社会最原始最终极的愿望。

我喜欢锅灶边煮熟的米饭丝丝缕缕升腾的醇香，喜欢灶膛里余烬的微温，传递出岁月静好，现世安稳的信息。十年修得同船渡，一个锅里抡饭勺该要积多少年的恩德？一碗米饭里微微温暖着一段世俗的姻缘，咀嚼，咽下，吃眼前的饭，喝今生的酒，若得真情，哀矜勿喜，什么都不要说了吧。

也许是段孽缘？世情看透，味同嚼蜡，没有激情和感动，只是习惯，仍然要一粒粒、一碗碗吃下去，地老天荒似的，吃完这辈子的定量。不动声色中，是不是有一粒沙子咯着了，痛彻心底？

辗转在一碗米饭里的心情，真是一片狼藉。